우리는
지금
미래를
걷고
있습니다

인문학과 함께하는
미래과학 산책

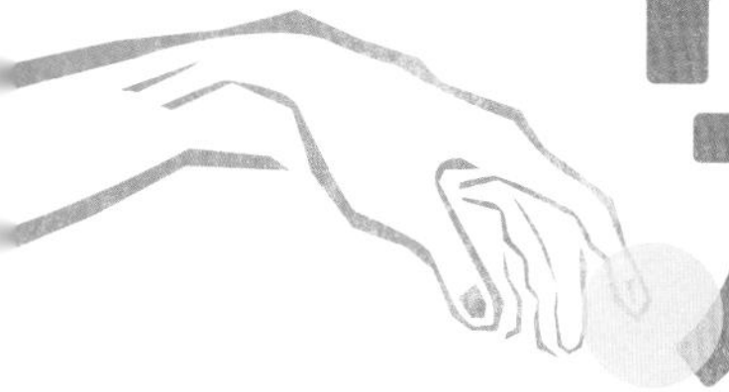

우리는 지금 미래를 걷고 있습니다

김정민 지음

우리학교

프롤로그

상자 밖에서 생각한다는 것

"한국에서 가장 이해하기 힘든 것은 교육이 정반대로 가고 있다는 것이다. 한국 학생들은 하루 15시간 이상을 학교와 학원에서 자신들이 살아갈 미래에 필요하지 않은 지식을 배우기 위해, 그리고 존재하지도 않을 직업을 위해 아까운 시간을 허비하고 있다. 아침 일찍 시작해 밤늦게 끝나는 지금 한국의 교육제도는 산업화 시대의 인력을 만들어 내기 위한 것이다."

지난 2016년 세상을 떠난 미래학자 앨빈 토플러Alvin Toffler가 2007년 한국에 왔을 때 우리나라 청소년들과 만나고 나서 했던 말입니다. 그는 이미 1970년 『미래 쇼크Future Shock』라는 책에서 앞으로 닥쳐올 변화무쌍할 미래를 예측하며, "왜 학교에서 과학소설SF, science fiction을 가르치지 않는가? 역사는 가르치면서 왜 미래학 과목은 없는가? 과학소설이 예측하는 미래를 정규 과목에 넣어야 한다."라는 주장을 하기도 했습니다. 여기서 토플러가 말하는 "과학소설이 예측하는 미래"란 (첨단) 과학기술이 만든 미래의 삶과 그 삶을 사는 인간의 모습입니다. 그는 왜 이러한 주장을 한 것일까요?

과학소설이든 과학 지식이든 그 무엇이든, 청소년들이 미래에 대해 '미리' 생각해 봐야 할 이유는 지금이 그 어느 때보다도 커다란 변화를 앞둔 시기이기 때문입니다. 많은 것을 새로운 규칙과 기준에 따라 선택해야 하고, 그 선택에 따라 미래를 크게 바꿀 수도 있습니다. 물론 자칫하면 토플러의 말대로 "미래에 필요하지 않은 지식"이나 "존재하지도 않을 직업"을 위해 현재의 시간을 낭비할 수도 있겠죠. 또 아직 닥치지도 않은 일을 미리 고민하기보다 문제가 생기면 '나중에' 생각해도 되지 않겠냐고 말할 수도 있습니다. 틀린 말은 아닙니다. 앞선 고민은 자칫 행동을 제약할 수 있으니까요.

그럼에도 불구하고, 이 책은 지금 반드시 생각하고 고민해야 할 여섯 가지 문제를 소개합니다. 얼핏 먼 미래 이야기처럼 들리겠지만 바로 여러분의 코앞에 다가와 있는 문제들입니다.

예를 들어, 유전자는 우리가 부모님께 물려받은 생물학적 자산입니다. 우리의 재능이나 단점은 많은 부분이 유전자와 관련되어 있습니다. 유전자 문제로 안타까운 질병이나 장애가 발생하기도 하죠. 그래서 유전자치료는 인류에게 새로운 가능성으로 여겨지고는 합니다. 그런데 유전자 관련 기술을 단지 치료만이 아니라 개인의 능력을 업그레이드하기 위해 사용하는 문제에 대해서는 어떻게 생각해야 할까요? 자신의 아이에게 좋은 유전자를 물려주기 위해 과학기술의 힘을 빌리는 것이죠. 물론 경제력이 있어야 할 것입니다. 돈이 많은 사람은 좋은 유전자를 가지고, 돈 없는 사람은 같은 혜택을 받기 어려운 세상을 여러분은 어떻게 바라볼까요? 아니, 좀 더 근본적으로 말해 '기술적으로 유전자를 조작하는 일 자체'에 대해 어떻게 생각하나요?

또 다른 예로, 여러분은 이미 사물 인터넷이나 알파고 같은 인공지능, 자율 주행 차 그리고 제4차 산업혁명 같은 용어를 여기저기서 많이 들어 보았을 것입니다. 그러한 첨단 기술이 발전하면 우리의 삶은 어떻게 바뀔까요? 앞서 토플러가 예측했듯이 미래에는 우리가 생각지도 못했던 새로운 직업들이 등장할 것이고, 우리가 잘 알고 있는 직업들은 인공지능이나 로봇이 대신

할 가능성이 큽니다. 당장 지금 여러분이 꿈꾸고 있는 직업이 미래에는 사라질지도 모른다는 말입니다.

그럼 곧바로 다음 질문을 던지게 될 테죠. 우리는 미래 세상에서 무엇을 하고 살아갈까? 인공지능이나 로봇이 대부분의 일을 대신해 준다면 우리는 그 시간에 무엇을 할까? 혹시 일하는 기계를 보조하는 심부름꾼이 되는 것은 아닐까? 로봇에게 일을 맡기고 놀기만 하면 행복할까? 그렇게 된다면 도대체 인간이란 무엇일까?

물론 단박에 대답을 얻을 수 없는 질문들입니다. 먼저 '나'는 어떤 사람인지 생각해야 하고, 인간다움이란 무엇인지 고민해 왔던 철학적 문제들도 생각해야 합니다. 인공지능은 마치 생각하는 기계처럼 보이지만 사실 기계는 생각하지 않습니다. '생각'은 인간이 하는 것입니다. 그리고 생각을 통해 우리는 좀 더 성숙한 인간이 되어 갑니다. 이 책에 담긴 이야기와 질문은 그러한 생각들을 자극하는 촉매입니다.

김정민

차례

1장 '미래'라는 판도라의 상자

2장 유전자, 바꿀 수 있는 운명

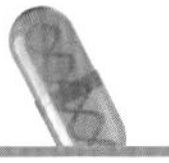

3장 포스트휴먼, 진화의 끝판왕

4장 자동화 세상, 인간의 위치를 묻다

5장 특이점 이후의 세상

6장 인간, 창의성을 다시 생각하다

1장

'미래'라는 판도라의 상자

호기심이라는 원죄

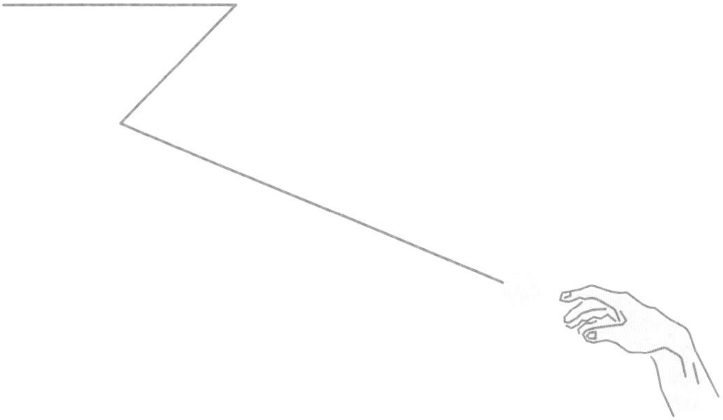

성경의 창세기는 신이 창조한 아름다운 낙원, 에덴동산에서 매일매일 꽃길만 걸으며 행복하게 살았을 우리 인간의 대박 운명이 한순간에 쪽박으로 바뀌는 반전 이야기로 시작됩니다. 자유롭고 완벽한 에덴동산에서 신이 결코 이것만은 먹으면 안 된다고 엄중하게 경고한 '인식의 열매' 선악과善惡果를 인간은 따 먹고야 말죠. 신의 노여움을 산 인간은 결국 에덴동산에서 쫓겨나 수천 년 동안 속죄

먹으면 선과 악, 즉 좋음과 나쁨을 알게 되는 열매.

◎ 앙리 루소, 〈이브〉, 1906~1907년.

하며 살아야 할 운명에 처합니다.

애초에 에덴동산이 완벽했다면 금기시 되는 열매 따위는 열리지 않았을 테고, 뱀의 모습으로 가장한 사탄이 숨어들거나 이브가 그 꾐에 넘어가는 일도 벌어지지 않았을 테지만 말이에요. 그런데 이렇게 하나하나 따져 보아도 '도대체 왜 마음껏 먹을 수 있는 다른 것들을 두고, 굳이 먹지 말라고 한 열매를 따 먹은 거야?'라는 생각을 지울 수 없습니다. 바로 인간의 '호기심'이 낳은 비극이었죠.

한편 그리스신화에도 비슷한 이야기가 있습니다. 에덴동산의 이브만큼이나 호기심이 많았던 여인 판도라는 집 안에 있는 웬 낯선 상자● 하나가 신경 쓰였죠. 차라리 말이나 하지 말지, 그 상자의 주인인 남편은 상자를 '절대'로 열어서는 안 된다며 몇 번이고 신신당부했습니다. 절대로 하지 말라고 하면 더욱더 하고 싶어지는 것은 인지상정. 하물며 호기심을 재능으로 타고난 판도라는 닫혀 있는 상자 안이 너무너무 궁금해서 미칠 지경에 이릅니다.

불길한 예감은 항상 들어맞는 법, 호기심 많은 판도라는 결국

● 본래는 '항아리'이다. 16세기 네덜란드 인문학자 에라스뮈스가 실수로 그리스어 피토스(pithos)를 '상자'라는 뜻의 라틴어 피크시스(pyxis)로 오역했다.

상자를 열어 보고 맙니다. 판도라의 남편은 왜 하필 아내의 눈에 띄는 곳에 상자를 두었는지 안타까운 일이 아닐 수 없습니다. 그 상자에는 온갖 고통과 죄악이 담겨 있었습니다. 판도라가 그 무시무시한 상자를 열자마자 봉해져 있던 것들이 온 세상으로 퍼져 나갔고, 그때부터 인간은 이전에는 겪어 본 적 없는 괴로움과 고통을 안고 살아야 했습니다.

먹지 말라는 선악과를 따 먹은 이브와 열지 말라는 상자를 열어젖힌 판도라의 이야기는 유혹을 이기지 못하는 인간의 나약함을 경고하는 한편, 어떤 운명이 닥치더라도 끝까지 가 보고야 마는 인간의 호기심을 여실히 드러냅니다.

사람마다 체감하는 정도가 다르겠지만, 지금 우리는 그 어느 때보다도 거대한 변화를 앞에 두고 있습니다. 어쩌면 인류의 운명이 담긴 미래가 마치 판도라의 상자처럼 느껴지기도 하죠. 그 안에 무엇이 담겨 있을지 도저히 가늠할 수 없으니까요. 그런데 문제는 정체를 알 수 없는 이 상자가 언젠가는 반드시 열린다는 것입니다. 호기심을 억누르고 가만히 기다리기만 해서는 해결될 일이 아니라는 말이죠.

미래는 누구나 궁금해하고 또 어떤 것이 튀어나올지 몰라서

누구에게나 두려운 것입니다. 옛사람들도 마찬가지였죠. 오래 전 전장에 나간 장수들은 전투가 벌어지기 전에 '과연 이 전투에서 이길 것인지, 질 것인지' 점부터 쳐 보았습니다. 조선 시대에는 국가에서 공식적으로 성수청이라는 기관에 국무國巫라는 나라의 무당을 두어 국가와 왕실의 미래를 위해 복을 빌고 굿을 벌이게 하기도 했습니다.

그렇다면 오늘날은 어떤가요? 인공지능 알파고가 바둑 세계 1, 2위 선수들을 모두 제치고 이기는 첨단 과학 시대이지만, 해가 바뀔 때마다 새해 토정비결을 보겠다며 온·오프라인으로 무속인을 찾아다니는 사람들을 흔히 볼 수 있습니다. 우리에게 미래는 여전히 가장 두렵고도 알고 싶은 시간입니다.

신화 속 용감한 형제

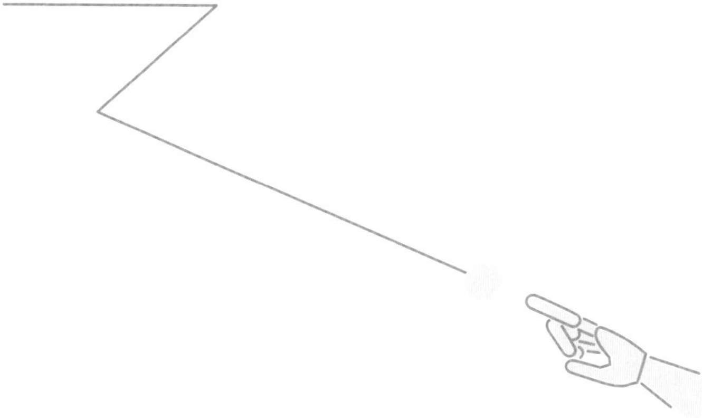

이야기의 첫 단추였던 판도라에게 잠시 돌아가 보겠습니다. 사건의 원인 제공자이자 온갖 몹쓸 것만 잔뜩 담아 놓은 상자를 집으로 가지고 온 판도라의 남편은 누구였을까요? 놀랍게도 그는 인간이 아니라 신에 버금가는 거인족 티탄Titan이었습니다. 그의 이름은 에피메테우스Epimetheus였죠.

에피메테우스라는 이름을 풀어 쓰면 '나중에 생각하는 자'입니다. 고대 그리스어 '에피epi-'는 '뒤에' 또는 '나중에'를, '메테우스metheus'는 '생각하는 자'를 의미합니다. 에피메테우스에게는 형이 있었는데 그가 바로 그 이름도 유명한 프로메테우스Prometheus입니다. 프로메테우스는 에피메테우스와 반대로 '미리 생각하는 자'입니다. 고대 그리스어 '프로pro-'는 '미리' 또는 '먼저'라는 뜻을 담고 있죠.

그리스신화 속 위대한 신들은 여러 생명체를 만들어 내면서 그들에게 적합한 능력을 한 가지씩 나누어 주었는데, 하필 그 중대한 임무를 에피메테우스에게 맡겼습니다. 여러분도 짐작할 테지만 '나중에 생각하는 자' 에피메테우스는 미리 계획하지 않고 처음부터 좋은 능력을 여기저기에 마구 나누어 주었습니다. 한참 다른 동물들에게 모든 재능을 나눈 끝에 인간이 남았다는 사실을 깨닫고, 에피메테우스는 멘붕에 빠집니다. 왠지 인간이 어떤 생명체보다 가장 강해야 할 것 같은데 정작 그들에게 나누어 줄 강력한 능력이 남아 있지 않았기 때문이죠. 그제야 에피메테우스는 자신이 무언가 크게 잘못했다는 사실을 알아차립니다.

그러나 다행히도 에피메테우스는 '나중에' 생각하는 자였지 생각이 '없는' 자는 아니었습니다. 때마침 형 프로메테우스에

게 도움을 청할 생각을 한 것이죠. "형만 한 아우 없다."고 '미리 생각하는 자' 프로메테우스는 형벌까지 각오하면서 인간에게 절대로 내주어서는 안 될 힘 중의 힘인 '불'을 신에게서 훔쳐다 줍니다.

프로메테우스가 가져다준 불 덕분에 인간은 다른 생명체들에게서 자신을 스스로 지켜 낼 수 있었고, 거대한 문명을 탄생시킬 수 있었습니다. 인간이 불과 함께 받은 것은 바로 불을 다

프로메테우스의 간은 독수리에게 아무리 쪼아 먹혀도 끊임없이 되살아났다고, 신화는 전한다.

스릴 줄 아는 능력이었습니다. 이 능력은 불을 포함한 '모든 기술을 다룰 줄 아는 지혜entechnos sophia'로 진화했습니다. 하지만 신들이 볼 때 인간에 대한 프로메테우스의 선행은 배신이나 다름없었죠. 신들의 노여움을 사게 된 프로메테우스는 바위에 묶인 채 독수리에게 간을 쪼아 먹히는 형벌을 받습니다.

한편 형 덕분에 무사히 임무를 마친 에피메테우스는 인간 세상을 괴롭힐 만한 온갖 불행을 한 상자에 모아 담고 열쇠로 잠가 놓습니다. 이것이 바로 판도라가 열어 버린 문제의 상자입니다. 프로메테우스라면 누군가 열까 걱정되어 처음부터 상자를 보이지 않는 곳에 묻어 버리거나 어떻게든 처리했겠지만, 에피메테우스는 별생각 없이 상자를 집 안에 두었죠. 그 결과 호기심 많은 그의 아내 판도라가 상자를 열었고, 인간은 살아가면서 온갖 불행을 하나하나 겪을 수밖에 없었습니다.

그렇다면 우리의 영웅 프로메테우스는 이러한 결과를 '미리' 알지 못했을까요? 물론 알고 있었습니다. 그래서 자신의 동생과 문제를 일으킬 판도라의 사랑을 뜯어말렸지만 소용없었죠. 에피메테우스도 상자가 열리고 나서는 자신의 경솔함과 어리

석은 판단을 후회하고 또 후회했을 것입니다.

자, 여기서 한 가지 질문을 해 보겠습니다. 여러분은 앞으로 닥칠 일을 예상하고, 그에 맞춰 계획을 착착 세우는 프로메테우스형 인간인가요, 아니면 일어나지 않은 일을 미리 고민하기보다는 닥쳤을 때 비로소 문제를 해결하는 에피메테우스형 인간인가요?

프로메테우스와 에피메테우스, 우리는 누구의 후손인가?

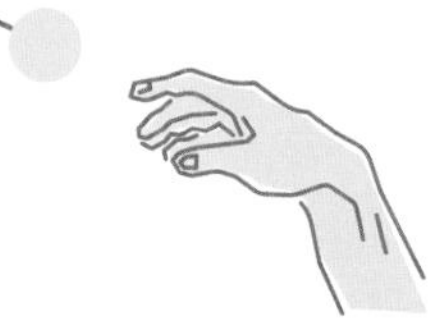

프로메테우스와 에피메테우스, 이 두 형제는 우리가 너무나 잘 알고 있는 또 다른 이야기를 떠올리게 합니다. 바로 『이솝우화』의 「개미와 베짱이」 말이죠. 앞으로 닥칠 추운 겨울을 나기 위해 여름을 즐기지 못하고 일만 했던 개미와 여름을 실컷 즐기다가 겨울이 닥치자 추위와 배고픔에 시달렸던 베짱이는 프로메테우스형 인간과 에피메테우스형 인간의 극단적인 모습과 닮았습니다. 사람들은 늘 미래를 위해 현재를 희생해야 하는지,

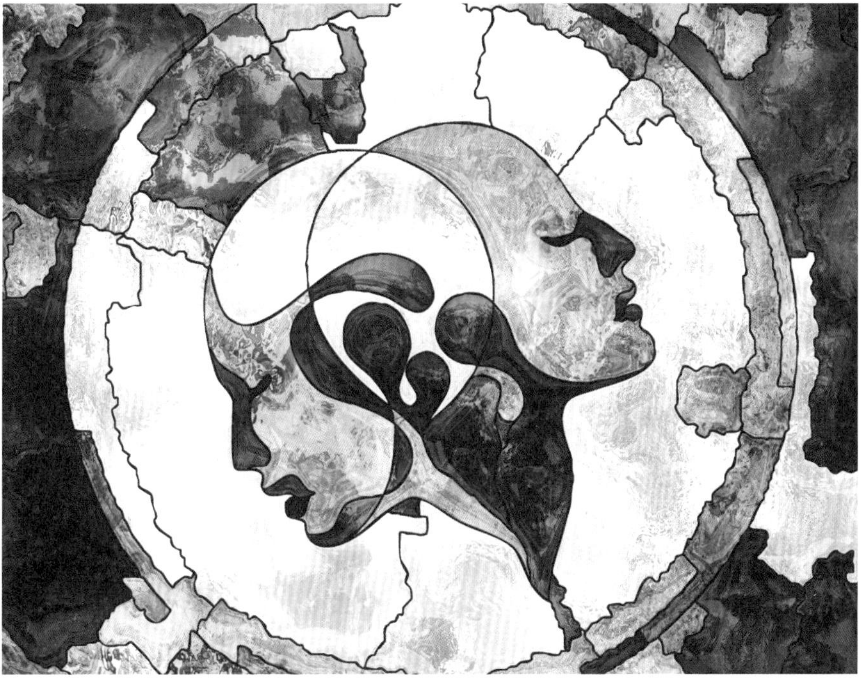

아니면 아직 오지도 않은 미래를 걱정하며 현재를 희생하기보다는 지금 이 순간을 즐겨야 하는지 고민합니다. 아마 여러분도 같은 고민을 하고 있을 테죠.

사실 우리는 본래 에피메테우스의 부주의함과 낙관적 성향은 물론, 프로메테우스의 신중함과 탁월한 미래 예측 능력을 모두 지니고 있습니다. 심지어 판도라의 호기심까지도 말입니다. 현재를 살아가는 우리와 같은 종에 속하는 인류, 호모 사피엔스Homo sapiens는 본능적인 호기심으로 다양한 문화와 문명을 만들어 왔습니다. 물론 부주의함에서 비롯된 잘못을 수없이 저질렀지만, 다른 여러 종의 인류가 200만 년이 넘는 동안 크게 바꾸지 못한 미래를 단 1만 년 만에 획기적으로 바꾸어 놓았죠. 이는 이스라엘의 역사학자 유발 하라리Yuval Harari가 세계적인 베스트셀러 『사피엔스』에서 주목한 점이기도 합니다.

프로메테우스의 이야기는 신화이지만, 인류가 불을 제어하기 시작하면서 문명을 일으키고 지구를 제패한 것은 역사입니다. 또 신화 속 프로메테우스가 인간에게 불과 함께 기술을 다룰 줄 아는 능력을 전해 주었듯이 인류는 항상 과거보다 발달한 첨단 기술을 이용해 오늘을 이루어 왔습니다. 신화 속 인간인 판도라

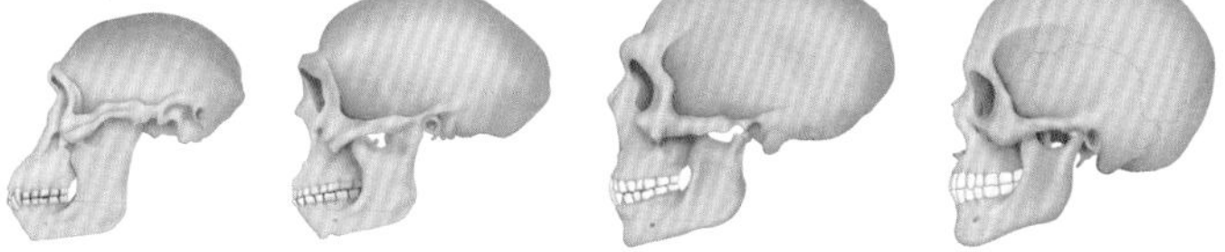

의 호기심은 본래 제우스 신의 저주였지만, 아이러니하게도 바로 이 호기심이 인간의 미래에 큰 변수가 되었습니다.

최초의 '인류human'가 나타난 시기는 지금부터 약 250만 년 전으로 알려져 있습니다. 그들은 여러분도 익히 들었을 오스트랄로피테쿠스, '남쪽의 유인원'이라는 이름의 집단이었습니다. 언제부터였는지 정확히 알려지지는 않았지만 남쪽의 유인원들은 살기 편한 곳을 찾아 먼 여행을 했고, 정착한 곳에서 살아남기 위해 진화했습니다. 그러다 보니 적도에 가까운 남쪽으로 이동해 정착한 이들과 극지방에 가까운 북쪽으로 이동해 정착한 이들은 세월이 흐르면서 각각 다른 종이 되었습니다. '똑바로 선 인류' 호모 에렉투스Homo erectus, '일하는 인류' 호모 에르가스터Homo ergaster, '네안데르 골짜기의 인류' 호모 네안데르탈렌시스Homo neanderthalensis(이하 네안데르탈인) 등 우리가 속한 '똑똑한 인류' 호모 사피엔스가 처음 나타난 약 1만 년 전까지 200만 년이 훨씬 넘는 세월 동안 이 지구상에는 매우 다양한 종의 인류가 살았다고 전해집니다.

그런데 여기서 중요하게 짚고 넘어가야 할 점이 있습니다. 많은 사람이 호모 에렉투스나 호모 에르가스터, 네안데르탈인 등을 마치 미국인, 일본인, 프랑스인을 분류하듯이 생각합니다. 사실 미국인이나 일본인, 프랑스인은 모두 같은 유전자를 공유한 '호모 사피엔스'에 속하지만 호모 에렉투스, 호모 에르가스터, 네안데르탈인은 전혀 다른 유전자를 가진 인류입니다. 말하자면 사람, 침팬지, 오랑우탄이 같은 영장류에 속해 있어도 서로 다른 종種이듯이 호모 에렉투스와 호모 에르가스터, 네안데르탈인도 '인류'라는 큰 틀에서는 하나이지만 모두 유전자가 다른 종이었다는 말이죠. 그리고 그중에서도 지난 1만여 년 동안 지구를 지배한 유일한 종은 바로 '똑똑한 인류' 호모 사피엔스였습니다.

호모 사피엔스, 어쩌면 지구상의 마지막 인류

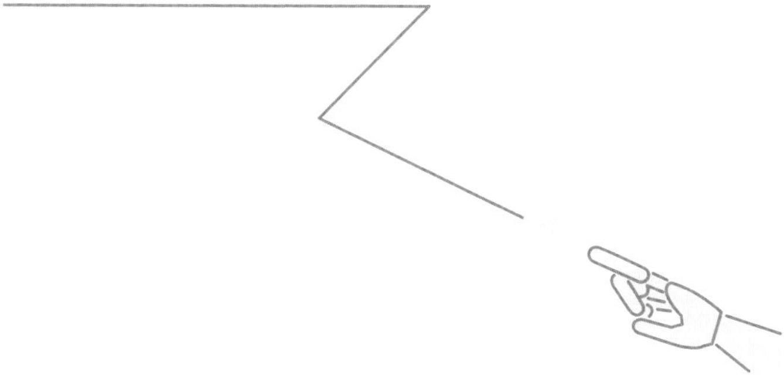

약 250만 년 동안 지구상에 살던 다양한 인류 종이 호모 사피엔스가 나타난 약 1만 년 이후 점차 사라졌습니다. 현재 생명체를 포함한 지구상의 모든 자원을 쥐락펴락하고 있는 존재 역시 호모 사피엔스입니다. 결론적으로 호모 사피엔스는 어류에서 포유류에 이르는 모든 생물 종 중에서, 또 '호모'가 붙는 모든 인류 중에서 최상위 포식자가 된 셈입니다. "강한 자가 살아남는 것이 아니라 살아남은 자가 강한 것이다."라고 하듯

호모 사피엔스는 유일한 인류로 살아남아 가장 강한 존재가 되었습니다. 그리고 어쩌면 지구상 마지막 인류로 남게 될지도 모릅니다. '마지막 인류'라는 말은 다음의 두 가지 의미로 해석할 수 있습니다.

첫 번째는 인간이라는 생물학적 종이 멸종되어 지구상에서 사라지는 것, 말 그대로 인류가 종말을 맞는다는 의미입니다. '인류세人類世, Anthropocene'라는 말을 들어 보았나요? 지구의 역사를 플라이스토세, 플라이오세, 마이오세 같은 시대로 구분하는데, 우리가 사는 지금 시대를 '홀로세Holocene Epoch'라고 합니

다. 홀로세는 호모 사피엔스와 함께 약 1만 년 동안 이어져 오고 있습니다. 하지만 현재 지구는 인류에 의해 그 어느 때보다 급격하게 변화되었기 때문에 새로운 지질시대 개념이 필요하다는 주장이 등장했습니다. 이를 인류의 시대, 즉 '인류세'라고 합니다.

생물군의 다양성과 개체 수가 급격하게 감소한 현상.

아기 공룡 둘리가 엄마 공룡과 헤어지게 된 결정적 사건은 6,600만 년 전 일어났던 소행성 충돌로 알려져 있습니다. 소행성이 지구와 충돌할 때 수백만 톤의 티끌이 태양을 가리자 단기간에 지구가 냉각되고 식물이 살 수 없는 환경이 되어 그 결과로 초식 공룡과 육식 공룡이 차례로 소멸했다는 가설이죠(물론 지금까지도 다른 가설이 제기되며 논쟁이 이어지고 있습니다). 만화 속 둘리가 하필 대한민국 서울 쌍문동에서 발견되었을 때 빙하 속에 갇혀 꽁꽁 언 모습이었던 것도 이 때문입니다.

트라이아스기-쥐라기 대멸종은 공룡을 포함한 동식물의 대멸종 사건이며, 이러한 대멸종은 지구라는 행성의 역사에 다섯 차례 찾아왔습니다. 대멸종의 원인은 급작스런 환경(기후) 변화, 화산 폭발, 소행성 충돌 등 피할 수 없는 자연재해에 따른 것이었습니다. 한때 〈아마겟돈〉, 〈딥 임팩트〉 등 소행성 충돌의 트라

우마를 다룬 할리우드 블록버스터 영화도 쏟아져 나왔죠. 하지만 지구 역사상 여섯 번째 대멸종이 다가오고 있다는 주장에 따르면, 그 원인은 과거와 같은 거대한 자연재해가 아닙니다. 무분별한 산업화와 그에 따른 지구의 환경 변화가 인간을 포함한 지구상의 생명체가 모두 사라지는 대멸종에 직면하게 만든다는 것입니다. 이른바 '인류세 대멸종'이죠.

'마지막 인류'의 또 다른 의미는 새로운 종으로 진화하는 인간입니다. 과거의 생물학적 인간 종이 아니라 아예 새로운 존재로 다시 태어나는 것입니다. 이처럼 새로운 종으로 진화하는 과정의 인류를 트랜스휴먼Transhuman, 진화한 후의 인류를 포스트휴먼Posthuman이라고 부릅니다. 진화를 마친 인류는 질병과 죽음 같은 생물학적 한계를 극복하고, 기계 및 인공지능과 결합한 존재로 살아갑니다. 이 경우에도 호모 사피엔스라는 생물학적 종은 지구 생태계의 진화 역사에서 사라지겠죠.

이러한 변화는 모두 인류가 기술 문명을 이루면서부터 시작된 것입니다. 그리고 지금 그 변화는 지구의 자연환경이 감내하기 어려운 한계 상황에 이르렀습니다. 무분별한 탄소 배출은 지구온난화를 일으키고, 이상기후로 지구 곳곳에서 예상치 못한

© 에드워드 힉스, 〈노아의 방주〉, 1846년.

한파와 폭염 등이 나타나고, 수온 상승으로 빙하가 녹아 해수면의 높이는 지속적으로 올라가고 있습니다. 그리고 그만큼 다양한 생물 종이 멸종하고 있죠. 매일같이 미세먼지를 걱정해야 하는 현실은 또 어떤가요? 영화 〈인터스텔라〉가 보여 준 지구의 암울한 미래가 머지않은 것처럼 느껴지기도 합니다.

"우리는 소행성의 충돌을 두려워할 게 아니라 우리 자신을 두려워해야 한다."

유발 하라리가 『사피엔스』에 이어 낸 책 『호모 데우스』에서 한 말입니다. 하라리는 호모 사피엔스가 그간 지구 생태계를 유례없는 방식으로 완전히 바꾸었고, 앞으로 100년 안에 소행성 충돌에 따른 공룡의 멸종을 능가하는 변화를 가져오리라 예측합니다.

그가 상상하는 미래는 가볍게 흘려들을 만한 이야기가 아닙니다. 과연 인류가 첨단 기술을 통제할 수 있는지, 앞으로 닥칠 위기를 극복할 능력이 있는지 의심하게 합니다. 이른바 온갖 재앙을 담아 놓은 판도라의 상자가 '미래'라는 이름으로 우리 앞에 놓여 있는 것은 아닌지 하고 말입니다.

우리를 기다리고 있는 것

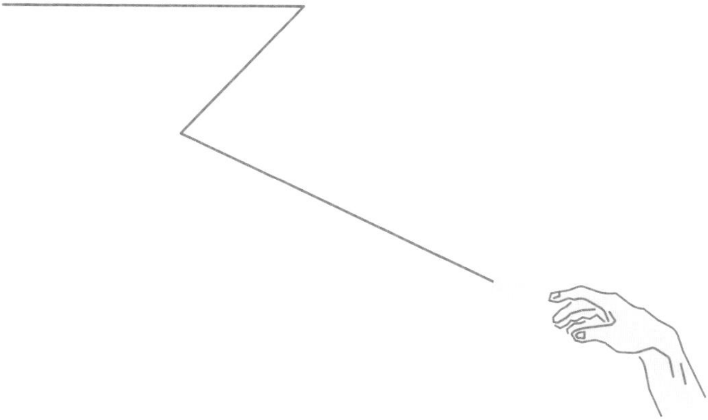

독일의 생태철학자 한스 요나스Hans Jonas는 유발 하라리보다 50여 년을 앞서 인간을 호모 사피엔스로 규정하는 것은 적절하지 않으며, 인간의 본성을 더 잘 설명하는 이름은 '호모 파베르Homo faber'라고 주장했습니다. 호모 파베르는 '도구를 만들어 내는 존재자', '기술을 발명하는 존재자'를 뜻합니다.

제2차 세계대전을 경험하며 핵의 위험성을 절감한 요나스는 인류가 발전시켜 온 기술이 이제는 인류를 위협할 정도가 되었

1945년 8월 6일, 제2차 세계대전 당시 미국이 일본 히로시마에 원자폭탄을 투하한 사건.

다고 경고합니다.

2011년 3월 11일, 엄청난 규모의 지진 해일이 일본 동북부 지방을 휩쓸면서 후쿠시마 원자력발전소를 무너뜨렸습니다. 이 사고로 유출된 방사능의 양은 히로시마 원자폭탄 의 168배 규모였죠. 1960년대 요나스의 경고가 괜한 기우는 아닌 듯합니다.

원자력발전소의 안전 문제는 2017년 우리나라에서도 큰 논쟁거리가 되었습니다. 다양한 이해관계자들이 모인 공론화위원

회가 만들어지고 오랜 토론을 거친 끝에 현재 진행에 놓여 있는 원자력발전소 건설을 계속 이어 가기로 했죠. 하지만 핵발전소를 둘러싼 기술과 그 부작용을 우리 인간이 통제할 수 있는가에 대한 의문은 여전히 남았습니다.

요나스는 인류가 지금까지 구축해 온 기술 문명에 책임 의식을 지닐 필요가 있다고 말했습니다. 현재를 사는 우리뿐만 아니라 미래 세대를 염두에 둔 선택을 해야 한다는 뜻이죠. 원자력발전소만 해도 지금 당장의 에너지 비용 저감, 관련 종사자의 일자리 문제 등과 미래 세대를 위한 새로운 대체에너지 발굴 또는 개발의 지연, 안전 문제 등이 서로 대립하고 있습니다. 현재와 미래, 마치 에피메테우스적 선택과 프로메테우스적 선택 사이의 대립 같기도 합니다. 어떤 쪽이든 신중에 신중을 거듭해야 하는 것은 지금 우리의 선택이 미래를 살아갈 이들의 운명에 커다란 영향을 끼치기 때문이죠.

진화는 간단히 말해 환경의 변화에 어떻게 적응해 나가느냐의 문제입니다. 인류는 지구상의 다른 생명체와 달리 환경에 순응하기보다는, 환경 자체를 인간에게 유리한 방향으로 변화시키는 방식으로 적응해 왔습니다. 따라서 우리는 자연환경이든

문화적 환경(문명)이든 우리를 둘러싼 환경을 우리 스스로가 선택해 적응해 갈 것입니다. 인간은 자연에서 인간이 겪는 불편을 해결하는 방향으로 기술을 발전시켜 왔고, 비록 그 기술이 자연의 순리를 거스르는 것일지라도 인간의 속도에 맞춰 운용하고 있습니다. 그 끝에 무엇이 우리를 기다리고 있을지는 아무도 모를 일이죠.

지금부터 우리가 함께 들여다볼 이야기는 그동안 인류가 발전시켜 온 기술이 바꾸어 놓게 될 우리 삶의 근본적인 변화에 관한 것입니다. 여러분은 미래와 변화에 관한 이 이야기 속에서 끊임없이 생각하고, 고민하고, 자신의 관점을 선택해야 합니다. 여기서 반드시 기억해야 할 점은 여러분이 살아갈 미래는 지금과는 크게 다를 것이라는 사실입니다. 다시 말해, 미래에는 삶의 방식도, 규칙도, 가치도 오늘날의 기준과는 전혀 달라질 것입니다. 에피메테우스의 후예로서, 또 프로메테우스의 후예로서 여러분이 과연 어떤 선택을 할지 기대하며 본격적인 이야기 속으로 들어가 보겠습니다.

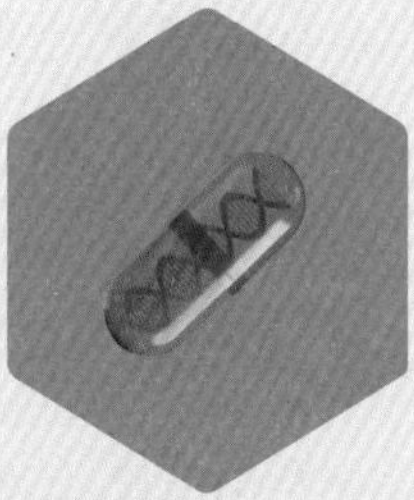

2장

유전자, 바꿀 수 있는 운명

DNA,
너는 내 운명?

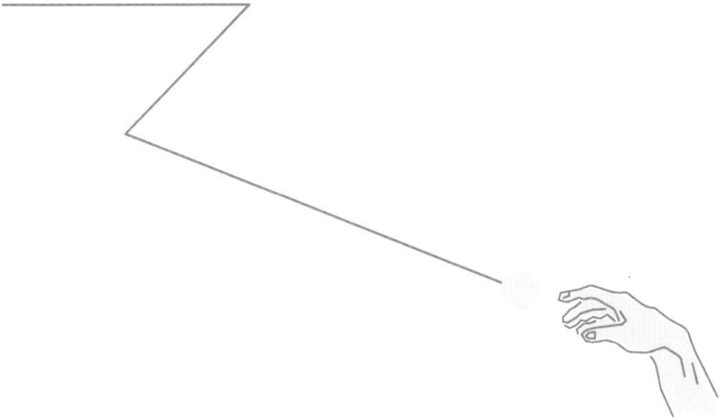

연일 전 세계 음원 차트의 역사를 새로 쓰고 있는 방탄소년단은 유튜브 조회 수 4억 뷰를 가뿐히 넘긴 〈DNA〉에서 이렇게 노래합니다. 첫눈에 널 알아보게 된 것은 "내 혈관 속 DNA" 덕분이며, 우리의 만남은 결코 우연이 아니라 마치 "수학의 공식"이나 "종교의 율법"과 같은 운명이라고요. 그뿐만 아니라 그 운명은 우주가 생긴 때부터 정해졌고, "무한의 세기"를 넘어 기다려 온 것이며, 심지어 이번 생에서 끝나지 않고 다음 생까지도 영원히 이어진다고 노래합니다. 이러한 가사와 그 속에 담긴 의미는 정말 놀라운 통찰이 아닐 수 없습니다. 운명적 만남을 인간 유전자에 빗대어 개인과 종의 차원을 넘나들며 노래하고 있으니까요.

언제부터인가 우리는 일상에서 '유전자'라는 단어를 자주 사용하고 있습니다.

"연아는 어떻게 피부에 잡티가 하나도 없지? 진짜 축복받은 유전자 아냐?"

"난 키가 더 안 크려나 봐. 이놈의 저주받은 유전자……."

사회적 기준에서 우월해 보이는 것을 두고서는 '축복받은 유전자', 뒤떨어져 보이는 것을 두고서는 '저주받은 유전자'라는 표현으로 우스갯소리들을 하죠. 이러한 표현을 쓰는 상황은 저마다 다르겠지만, 그 말 자체는 인간의 힘으로 어찌할 수 없는 운명적 의미를 담고 있습니다. 유전자 검사로 알게 된 객관적 정보든 어렴풋이 느낌으로 알게 된 추상적 정보든, DNA에서 비롯된 무언가는 운명적이고 내 탓이 아닌 것만 같아서 한편으로는 마음이 편해질 수 있습니다.

그런데 사실 우리 인간이 처음부터 생명체 안의 유전자를 인

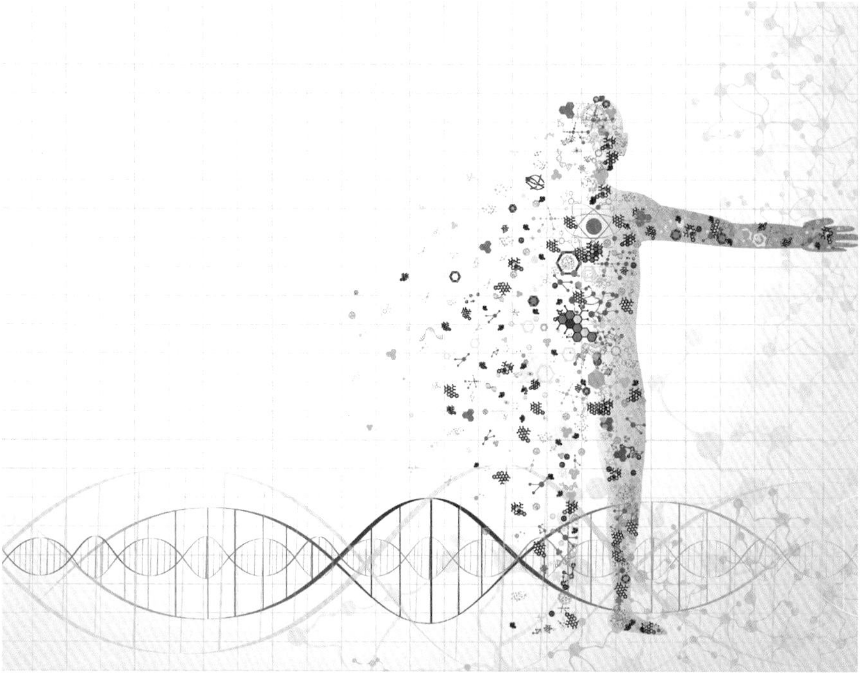

지하고 있었던 것은 아닙니다. 까마득한 옛날 사람들은 생물과 무생물을 구별할 수 없었고, 너무나 자연스럽게 모든 것이 살아 있다고 믿었습니다. 사람이 아기를 낳고 매머드가 새끼를 낳듯이 큰 돌은 작은 돌을 낳는다고 생각했죠. 그러다가 차츰 생물과 무생물의 차이를 알게 되고, "콩 심은 데 콩 나고 팥 심은 데 팥 난다."라는 이치를 깨닫게 되면서 유전자 탐구를 향한 인간

◎ DNA 이중나선 구조를 발견한 제임스 왓슨(가운데)과 프랜시스 크릭(오른쪽).

의 대장정이 시작됩니다.

1856년 오스트리아의 한 수도원 뒤뜰에서 완두콩을 열심히 지켜보던 수도사가 있었습니다. 시간이 흘러 1865년 2월, 그 수도사는 완두콩을 연구해 발견한 유전자 법칙을 학회에 발표합니다. 그가 바로 여러분도 잘 알고 있는 그레고어 멘델Gregor Mendel입니다. 멘델은 완두콩의 모양과 성질을 관찰하고 연구한 끝에 쪼개지지도 합쳐지지도 않는 유전 원자로 인해 생물의 특징이 정해지고, 그것이 대대로 이어진다는 놀라운 사실을 발견했죠. 이 유전자 법칙은 염소의 털 색깔, 사람의 눈동자 색깔에도 그대로 적용되었습니다. 농부들은 좋은 농작물이나 가축을 얻기 위해 우월한 유전인자에 관심을 기울이기 시작했습니다. 이렇게 시작된 유전인자에 관한 관심은 자연스럽게 인간의 유전자 연구로 이어졌습니다.

그리고 마침내 1953년 생물학자 제임스 왓슨James Watson과 프랜시스 크릭Francis Crick이 DNA 이중나선 구조를 발견하면서 인류는 DNA가 어떻게 다음 세대로 이어지는지의 수수께끼를 풀게 됩니다. 그리고 '유전자지도(염색체지도)'를 얻죠. 유전자지

● 왓슨과 크릭은 이 업적을 인정받아 1962년 노벨상을 받았다. 여성 과학자 로절린드 프랭클린(Rosalind Franklin)은 DNA 이중나선 구조 규명에 중요한 단서를 제공했으나 백혈병으로 사망해 노벨상을 받지 못했다.

도는 유전자의 집합체인 염색체에서 유전자의 상대적 위치를 표시한 도표입니다. 유전자의 위치뿐만 아니라 유전자 사이의 상대적 거리도 알 수 있죠. 유전자지도 덕분에 우리는 지금 당장이라도 병원에 가서 혈액검사만 하면 누구든 자신의 유전정보를 알 수 있습니다. 이러한 유전정보는 과학자들이 질병을 치료하고 신약을 개발하는 데 결정적인 역할을 하기도 합니다.

저주받은 유전자의 비밀

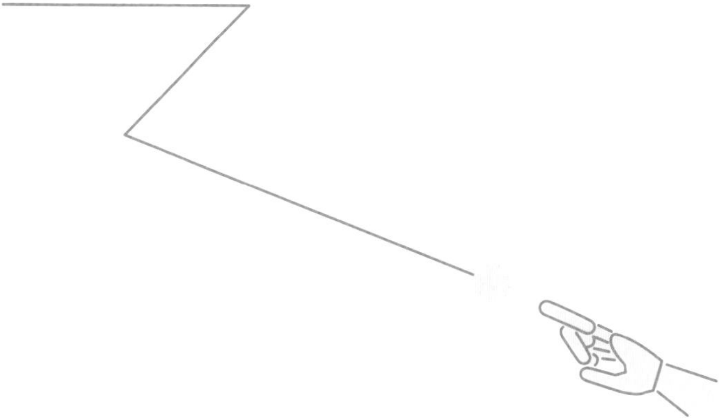

사실 '축복받은 유전자'나 '저주받은 유전자'는 눈에 보이는 외모, 즉 얼굴이나 몸매를 매우 중요하게 여기는 우리 사회의 단면을 드러내는 표현입니다. 앞에서도 말했듯이 내가 선택할 수 없기에 축복받은 유전자를 지닌 타인을 부러워하고, 저주받은 유전자를 지닌 나 자신을 안타까워하기 마련이죠. 심지어 사람들은 자신의 외모를 희화화하며 "못생겨서 미안해."라는 말을 농담 삼아 던지기도 합니다. 아니, 못생겨서 미안하다

니요. 외모의 기준은 자기 자신의 만족에 달린 문제입니다. 물론 자신의 외모가 마음에 들지 않을 수는 있지만, 못생긴 얼굴이라고 해서 다른 사람에게 미안해할 일은 결코 아닙니다.

그렇다고 외모보다 마음이 훨씬 더 중요하다는 말은 요즘 같은 시대에 별로 위로가 되지 못하겠죠. '패완얼(패션의 완성은 얼굴)'이니, '대한민국은 성형 공화국'이니 하는 마당이니까요. 많은 사람이 자신의 외모에 불만을 느낄 뿐만 아니라 그것을 '문제'로 인식합니다. 그리고 그 문제를 대부분은 해결하고 싶어

하죠. 과감하게 수술에 도전하거나 수술은 두렵지만 시술은 용기를 내 볼 만하다면서 말이에요.

"엄마를 닮았으면 눈이 컸을 텐데 아빠를 닮아 내 눈이 작아."

"저주받은 유전자 때문에 나도 곧 대머리가 될 거야."

"부모님이 모두 키가 작으니 나도 어쩔 수 없지."

우리는 모두 누군가의 아들딸이다 보니, 부모님 또는 부모님의 부모님에게서 물려받은 유전자를 도저히 어떻게 할 수 없습니다. 작은 키, 낮은 콧대, 대머리 등등의 유전형질을 숙명처럼 안고 가야 하죠. 누군가 성공적인 성형수술로 유전자의 저주를 극복했다고 해도 자신의 자식과 손자에게로 계속 이어지는 유전은 또 어찌해야 할는지요.

필리핀은 한때 에스파냐의 식민지였습니다. 콜럼버스도 활약한 대항해시대(15~16세기)에 에스파냐는 페르디난드 마젤란Ferdinand Magellan이라는 포르투갈 탐험가를 후원해 바다로 나가 미지의 땅을 찾게 했습니다. 마젤란은 자신이 발견하고 정복한 땅을 에스파냐의 식민지로 삼은 후 그 이름을 당시 에스파냐 국왕 펠리페 2세의 이름을 따서 '필리핀'이라고 정했습니다.

펠리페 2세는 합스부르크 왕가의 후손으로 신성로마제국의

치아 배열 등의 문제로 아랫니와 윗니가 제대로 맞물리지 않는 상태.

황제인 아버지 카를로스 1세(카를 5세)의 뒤를 이어 최초의 에스파냐 국왕이 되었습니다. 그는 에스파냐 영토를 대부분 물려받은 데다 포르투갈까지 차지하며 '해가 지지 않는 나라' 에스파냐를 더욱 넓혔습니다.

그런데 이처럼 강력한 왕권을 가진 강성한 왕국의 국왕 펠리페 2세에게도 커다란 고민이 하나 있었습니다. 집안 대대로 내려오는 유전병이 있었으니, 심한 부정교합•으로 입이 다물어지지 않았던 것입니다. 펠리페 2세뿐만 아니라 왕권을 물려받을 펠리페 3세는 부정교합이 더욱 심해 평소에도 침을 줄줄 흘렸다고 합니다. 결국은 입에서 쉴 새 없이 흐르는 침을 받기 위해 턱받이 패션의 선구자가 되어야 했죠(이때부터 '묻지 마 턱받이 패션'이 귀족들 사이에 유행했다고 합니다). 집무 중에도 절대 다물어지지 않는 입속으로 파리가 날아들었다고 하니……. 세상을 다 가진 에스파냐 왕가라도 이 같은 유전에 대응할 수 있는 방법이라고는 궁정화가에게 맡긴 초상화를 수정하는 것밖에 없었나 봅니다.

안데르센의 동화 『빨간 구두』에 나오는 주인공 카렌은 경건

◎ 소포니스바 안귀솔라, 〈펠리페 2세의 초상〉, 1570년.

◎ 안데르센의 동화 『빨간 구두』의 모티프는 '헌팅턴 무도병'으로 알려진 신경병이다.

해야 할 장례식에 검정 구두가 아닌 빨간 구두를 신고 갔다는 이유로 저주에 걸려 멈출 수 없는 춤을 추어야만 하는 고통을 겪죠. 구두가 벗겨지지 않아 결국 두 발을 자르게 된다는 결말의 이 동화는 어린아이들이 읽기에 너무 끔찍하다는 이유로 '잔혹 동화'라고 불리기도 합니다.

그런데 이 동화의 모티프는 흔히 '헌팅턴 무도병•'이라고 알려진 신경병입니다. 유전적으로 뇌 신경에 문제가 생겨 발생하는 질환으로 이 병에 걸린 사람은 얼굴이나 손과 발, 혀가 뜻대로 움직이지 않습니다. 잠잘 때 외에는 팔다리가 제멋대로 움직여 모르는 사람이 보면 마치 춤이라도 추는 것 같아 무도舞蹈병이라고 불립니다. 이 병이 세상에 알려진 것은 1800년대 중반이지만, 유전자 문제와 그것이 뇌에 어떤 변화를 가져오는지 상세하게 밝혀진 것은 1990년대에 들어서입니다.

1872년 미국 학자 조지 헌팅턴(George Huntington)이 학계에 이 병에 대해 상세하게 보고를 하면서 그의 이름을 따 '헌팅턴 병'이라고 이름 지어졌다.

이 병이 알려지기 전, 옛사람들은 무도병 증상을 보이는 환자를 어떻게 생각했을까요? 무도병의 증상은 중년이 되어서야 나타나기 시작합니다. 먼저 불안과 망상 등의 정신적 문제가 생기고, 증세가 심각해지면 의지와 상관없이 춤추는 것처럼 팔다리가 움직이는 신체적 증상이 나타납니다.

옛사람들은 이러한 증상이 병 때문이라는 사실을 알 도리가 없었죠. 그렇다 보니 멀쩡했던 가족이나 이웃이 어느 날부터 무도병 증상을 보이면, 미쳤거나 저주를 받았다고 생각할 수밖에 없었을 것입니다.

의학이 발달하지 않은 시대에는 무도병뿐만 아니라 뇌전증(간질)이나 중풍과 같은 뇌 질환을 대체로 신의 저주라든가 악마나 귀신 들림 현상으로 보았습니다. 안타깝게도 치료를 받아야 할 환자들이 도리어 주술적인 해결책에 동원되어 아까운 목숨을 잃기도 했죠.

이 기이한 '저주'가 실제로는 '질병'이라는 사실을 알게 된 것은 유전학과 뇌과학이 발전하면서부터입니다. 유전학과 뇌과학의 발전은 그동안 인류가 인간의 몸과 정신에 대해 이해하지 못했던 많은 문제를 풀어냈고, 수많은 질병의 존재와 원인을 밝혀냈습니다.

그리하여 오늘날 현대의학은 수많은 유전병을 사전에 진단하고 치료하고 있습니다. '유전자 검사'가 보편화되면서 자신에게 혹시나 발병할 수 있는 유전적 질환을 미리 진단해서 발병을 막을 수 있게 된 것입니다.

저주를 풀 수 있는 마법

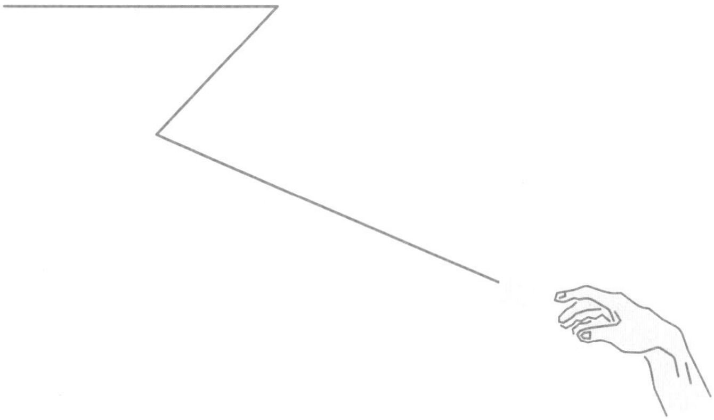

유전자 검사가 대중에게 알려진 것은 할리우드 배우 앤젤리나 졸리Angelina Jolie의 영향이 큽니다. 졸리는 자신의 외할머니와 어머니, 이모가 난소암과 유방암으로 사망했다는 사실 때문에 유전자 검사를 했고, 그 결과 자신도 유방암을 피하기 어렵다는 진단을 받았습니다. 그 후 졸리는 양쪽 가슴을 모두 절제하는 수술을 받아 세상을 놀라게 했습니다. 여성이자 세계적인 배우로서 매우 힘든 결정이었을 텐데 그녀는 왜 이런 선택을 한 것

◎ 유전자 검사 후에 양쪽 가슴을 모두 절제하는 수술을 받은 배우 앤젤리나 졸리.

일까요? 방탄소년단의 노랫말처럼 유전자를 수학의 공식, 종교의 율법, 우주의 섭리로 생각했기 때문일까요?

졸리의 과감한 선택은 전 세계 언론을 통해 널리 알려졌습니다. 이로써 사람들은 유전자가 우리 삶에 얼마나 깊은 영향을 끼치는 운명적 요소인지 실감했고, 유전자 검사가 얼마나 놀라운 기술인지도 깨달았습니다. 또 유전자 검사 결과에 대처하는 미국 의료보험회사의 무책임한 태도(가족력 등 유전성 질환이 있다는 이유로 남보다 훨씬 비싼 보험료를 감당해야 하거나 보험회사로부터 보험 가입 자체를 거부당하는 경우)를 알게 되기도 했죠. 그 후로 가족력• 이 있는 사람들이 각종 암에 대한 유전자 검사를 받는 사례가 점점 더 늘어나고 있습니다.

• 환자의 가족이나 친척 등이 가지고 있는 의학적 내력.

그런데 이렇게 놀라운 기술도 조금 다른 각도에서 생각하면 상당히 복잡한 문제를 낳을 수 있습니다. 우리 몸에 문제가 생겼을 때 그 문제, 말하자면 '병'을 치료하는 것은 바람직합니다. 다음으로 우리 정신(마음)에 문제가 생기면 어떨까요? 마찬가지로 마땅히 그 문제를 해결해야 하겠죠. 그런데 이때 어느 정도 문제여야만 치료가 필요하다고 판단할 수 있을까요? 사실 이

문제는 선택의 몫이 되어 가고 있습니다.

예를 들어 누군가 타고나기를 얼굴이 약간 비대칭입니다. 아무리 봐도 자신의 얼굴이 예쁘지 않아 열등감을 느낄 정도입니다. 사는 데 아무런 지장이 없는데도 이 비대칭 얼굴을 수술로 교정하려고 한다면, 그것은 치료일까요? 뇌 신경에 이상이 있어 기억력에 문제가 생겼습니다. 그저 기억력이 좀 나빠졌을 뿐이지 생활하는 데 큰 어려움이 있는 것은 아닙니다. 그런데 기억력을 향상하려고 뇌 신경 수술을 받는다면, 그것은 치료일까요? 머리가 나빠 공부를 못하는, 그야말로 저주받은 유전자를 약물이나 수술로 치료한다든가, 우월한 유전자로 그럭저럭 공부를 잘하지만 자신보다 더 우월한 유전자를 제치고 1등이 되기 위해 뇌 기능을 향상하고자 한다면요? 만약 태어날 때부터 장애가 있어 걸을 수 없던 사람이 인공(로봇)다리를 사용해서 걸을 수 있게 된다면, 정말 기쁜 일이겠죠. 그런데 두 다리 멀쩡한 누군가가 좀 더 빨리 달리고, 좀 더 멀리 뛰기 위해 자신의 다리를 로봇 다리로 교체한다면 어떨까요?

치료냐 강화냐,
그것이 문제로다

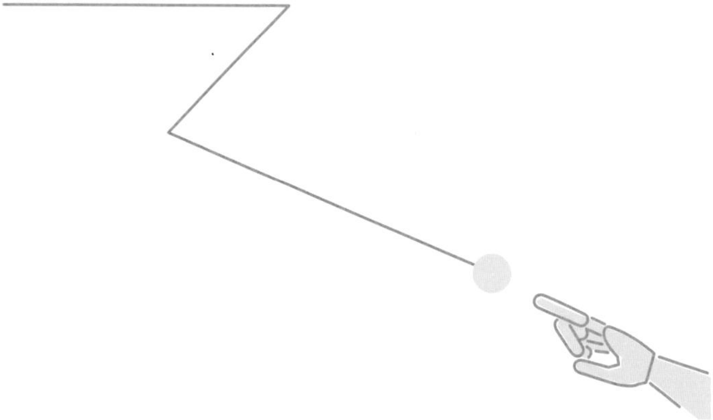

"치료인가, 아니면 강화인가?"

오늘날 유전자 편집 기술이나 뇌 신경과학 기술이 발달하면서 새롭게 떠오르고 있는 문제입니다. 상식적으로 '치료'는 바람직하지만 '강화'는 왠지 부정행위 같고 정당하지 않다고 느껴집니다. 예를 들어 장애가 있는 사람이나 질병을 앓는 사람이 필요한 치료를 받는 것은 당연하고 바람직하지만, 별문제가 없는데도 어떤 기능을 더욱 뛰어나게 만들려고 유전자 편집 기술이나 뇌 신경과학 기술을 이용하는 것은 옳지 않다고 생각하는 사람이 아직은 많습니다.

하지만 미래에는 경제력이 뒷받침된다면 틀림없이 학교 성적을 잘 받기 위해 뇌 신경 수술을 받고 싶어 하는 사람이 있을 것입니다. 아마 그 이유를 이렇게 설명하겠죠.

"우울증에 걸리면 약으로 치료하잖아요. 저는 성적이 안 나와서 우울해요. 성적만 잘 나오면 제 우울증은 금방 나을 거예요. 뇌 수술을 받으면 기억력이 좋아져서 공부를 잘할 수 있대

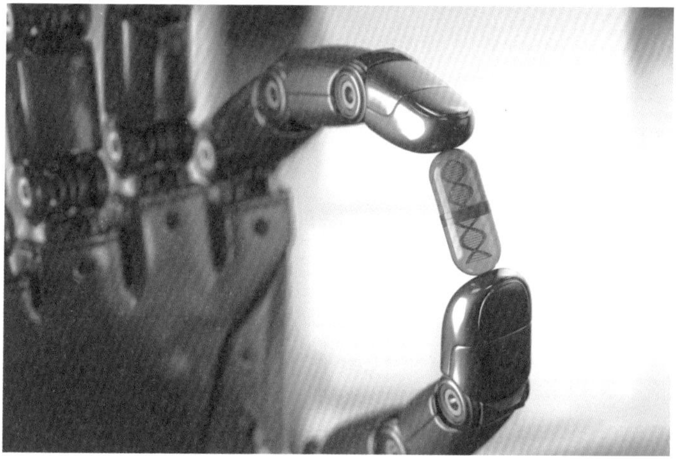

요. 그럼 제 성적도 올라가겠죠. 우울증 약을 먹느니 차라리 뇌 수술로 제 우울증의 원인을 치료하고 싶어요."

사실 성형수술을 하는 사람들도 불만족스러운 외모로 인한 우울감을 떨치고 자신감을 회복하고 싶다는 이유로 수술을 시도하는 경우가 많습니다. 그들을 비난할 수는 없는 일이죠. 그런데 성적을 올리려고 뇌 수술을 받는 사람은 비난할 수 있을까요? 우리는 운동선수가 근육강화제 같은 약을 먹고 좋은 성적을 내면 부당하다고 말합니다. 약을 먹은 사실이 드러난 운동선수는 법적 처벌을 받고 일정 기간은 경기에 출전할 수조차 없습니다. 그렇다면 과거 임금님이 드셨다는 총명탕을 먹고 성적이 오른 학생 역시 이와 마찬가지로 부당하게 보고 비슷한 처벌을 해야 할까요?

한발 더 나아가 '유전자 편집 기술'은 물려받아서는 안 되는 유전자나 물려주고 싶지 않은 유전인자를 태어나기 전에 아예 편집, 즉 제거해 버리는 기술입니다. 주로 미래의 이야기를 다룬 SF 영화에 불필요한 유전자를 제거하는 것뿐만 아니라 필요한 유전자를 더욱 강화해서 완벽한 아기를 얻는 설정이 종종 등장합니다. 이른바 '맞춤형 아기'죠. 그런데 이 같은 이야기가 더

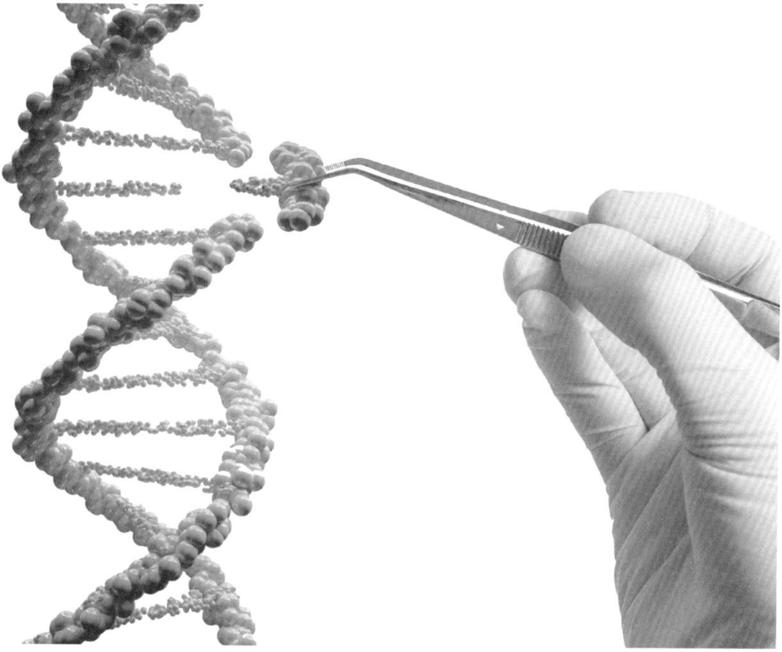

는 영화나 소설 속 판타지가 아니라 현실이 되고 있습니다. 가까운 미래에 이러한 기술을 사용해서 더 예쁘고 잘생긴 얼굴, 더 멋있고 튼튼한 몸을 가질 수 있다는 말이죠.

뇌과학 지식과 기술을 사용해서 그동안 치료하기 어려웠던 여러 질병을 치료할 수 있다면 좋은 일입니다. 하지만 그 지식과 기술로 성적을 높이거나 다른 뛰어난 능력을 갖출 수 있다면, 그것도 좋은 일일까요? 최근 실현될 가능성이 큰 뇌과학 기술로 떠오르고 있는 것 하나는 바로 꽉 찬 지식의 '칩'을 뇌에 이식하는 것입니다. 누구나 스마트폰이라는 작은 컴퓨터를 가지고 다니는 오늘날, 우리는 웬만한 지식은 즉각적으로 검색해 얻을 수 있습니다. 그런데 더 나아가 만약 두뇌에 이식된 칩을 활용해 일일이 검색하지 않고 물음표를 머릿속에 떠올리기만 해도 답을 바로 얻을 수 있다면요?

이처럼 꿈에서나 그려 왔던 기술이 현실로 이루어질 날이 머지않았습니다. 그동안은 알 수 없었던 사실들이 새롭게 알려지고, 해결할 수 없던 문제에 대처할 수 있는 기술이 나날이 발전하고 있습니다. 그와 동시에 새롭게 발생할지도 모를 문제를 두고 논란이 일어나기도 하죠. 과거의 문제를 해결한 기술은 또 다른 문제를 가져올 수 있습니다. 그렇기에 우리는 지금부터 다양한 관점에서 미래에 실현될 기술과 그에 따른 문제들을 바라보고 깊이 생각해야 합니다.

능력을 향상하는 방법에는 간접적인 방식과 직접적인 방식이 있습니다. 기억력을 높이려고 암기법을 배운다든지, 빨리 달리기 위해 열심히 연습하는 것은 간접적인 방식입니다. 많은 사람이 이러한 방법을 '노력'이라고 하며 긍정적으로 여깁니다. 반면에 뇌 신경에 손을 대거나 근육에 약물을 투입하는 것은 직접적인 방식입니다. 이에 대해서는 대부분 사람이 부정적으로 바라보고, 사회적으로도 부정행위로 간주하고 있습니다.

문제는 이 간접적인 방식과 직접적인 방식 사이에 선명한 경계가 없다는 것입니다. 그나마 있던 경계도 점점 모호해지고 있죠. 기술이 너무 빠르게 발전하고 변화하면서 판단해야 할 사안이 더욱 복잡해지고 있기 때문입니다. 이를테면 약을 먹는 것은 간접적이고 수술하는 것은 직접적인지, 아니면 수술은 직접적이고 시술은 간접적인지 그 경계를 정하기란 참으로 애매합니다.

멋진 신세계를
만드는 방법

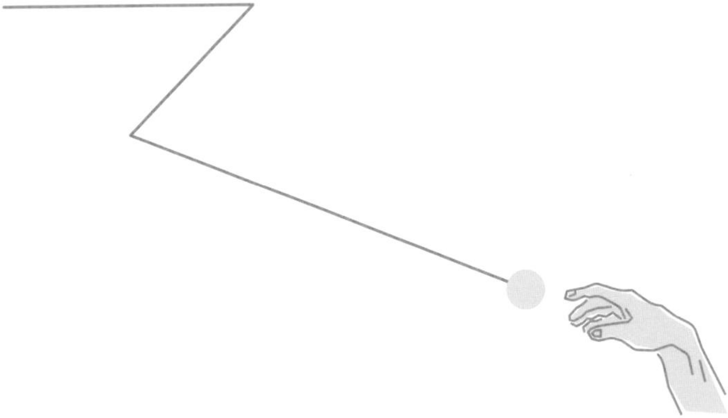

'치료냐, 강화냐?' 하는 논란 이면에 담겨 있는 또 다른 중요한 문제는 **경제적 불평등**입니다. 사람들이 강화에 대해 부정적인 까닭은 이 기술의 혜택이 모두에게 골고루 돌아가지 않는다는 것입니다. 필요한 비용을 지불할 수 있는 계층만이 이를 누릴 것이고, 그로 인해 양극화가 더욱 심각해질 것이라고 예상하기 때문입니다. 경제적 기반이 탄탄한 부모들은 유전자 편집 기술을 이용해서 자기 자녀에게 더 뛰어난 능력을 주고 싶어 할

테죠. 말하자면 경제적 여유가 선천적 능력의 차이를 뒤집으면서 차별을 불러올 수 있다는 것입니다. 이는 매우 부당해 보입니다. 게다가 '뛰어난 능력'에 대한 인간의 욕망은 한계가 없을 테니 그 끝을 상상하기도 어렵습니다.

누군가는 이렇게 말할지도 모릅니다. "어차피 지금도 누군가는 금수저로 태어나고 누군가는 흙수저로 태어나는데, 결국은 마찬가지 아닌가요?"라고 말이죠. 하지만 첨단 생명과학 기술이 발달할수록 이러한 문제들이 점점 더 사회적으로 확장될 가능성이 큽니다.

놀랍게도 약 20년 전 SF 영화 〈가타카〉는 바로 이와 같은 미래의 사회문제를 날카롭게 짚어 냅니다. 영화 〈가타카〉의 배경인 가까운 미래, 이 시대에는 아기를 낳기 전에 반드시 유전자 검사를 거쳐야만 합니다. 열등한 유전자를 없애고 우월한 유전자는 더욱 강화하는 유전자조작을 통해 완벽한 '맞춤형 아기'를 낳는 것이죠. 즉, 모든 인간이 시험관아기로 태어납니다. 그런데 한 부부가 유전자 검사나 유전자 편집 기술의 도움 없이 둘만의 '자연스러운' 사랑의 결실로 아이를 얻고자 했습니다. 그들 사이에서 주인공 빈센트 프리민은 심장병을 앓고 범죄자가 될 가능성을 가지고 살다가 서른한 살에 사망할 운명을 지닌 채 태어납니다. 말 그대로 우성인자만으로 둘러싸인 세상에서 열성인자를 가지고 살아가게 된 것이죠.

영화가 설정한 미래에는 개인의 유전정보가 마치 지금의 주민등록번호나 휴대전화

번호처럼 본인 인증 역할을 합니다. 주인공 빈센트는 감당할 수 없는 보험료 때문에 유치원이나 학교에서도 입학 거부를 당합니다. 한 번의 선택으로 온갖 우여곡절을 겪어야 했던 빈센트의 부모는 결국 시험관 수정으로 둘째 안톤 프리먼을 얻습니다. 그 후로 빈센트는 집안에서는 물론, 사회에서도 온갖 차별과 불평등을 감내해야 했습니다. 맞춤형 아기로 태어난 사람들이 뛰어난 능력으로 마음껏 자신의 꿈을 펼치는 데 반해 자연인으로 태어난 사람들은 사회의 허드렛일을 해야 했으니까요.

이 영화의 뿌리이기도 한, 1932년 출간된 올더스 헉슬리 Aldous Huxley의 소설 『멋진 신세계』는 이러한 문제를 더욱더 깊이 있게 다루고 있습니다. 이 소설 속 사회는 알파에서 시작해 베타, 감마, 델타 등에 이르는 계급이 정해져 있습니다. 애초에 유전자조작으로 계급을 나누어 버리고, 각 계급에 맞는 특성의 사람을 공장에서 만들어 내는 것입니다. 태어난 계급에 따라 삶의 형식과 내용이 이미 정해져 있을뿐더러 그 운명을 누구도 거스를 수 없습니다. 물론 『멋진 신세계』와 〈가타카〉 모두 극적인 반전이 숨어 있기는 하지만요.

그렇다고 소설이나 영화에서 그리는 미래의 어두운 면 때문

에 유전자 편집 기술이나 뇌 신경과학 기술을 발전시켜서는 안 된다고 단정 지어 말할 수는 없습니다. 그것은 『빨간 구두』 이야기에 나오는 카렌을 평생 무도병에 시달리며 살라고 내버려 두는 것이나 마찬가지입니다. 치료는 필요하나 강화는 안 된다고 말하려면, '어디까지가 치료이고 어디부터는 강화이다.'라는 경계를 명확히 정해야 합니다. 그러려면 이에 대해 사회적 합의가 활발히 이루어져야 하겠죠.

월드컵에 출전하는 축구 선수가 배탈이 나서 치료 약을 먹는 것은 허용되지만 다음 날 경기에 잘 뛰기 위해 근육강화제를 먹는 것은 안 됩니다. 이는 우리 사회가 합의한 상식이죠. 이처럼 앞으로 보편화될 유전자 검사와 검사 결과에 대한 명확한 규정을 세우고, 윤리적 합의를 이루어야 합니다. 유전자 편집 기술이 사용될 범위에 대해서도 마찬가지입니다. 이에 대해 다양한 견해를 나누는 활발한 토론이 온·오프라인 공간에서 이제부터 시작되어야 할 것입니다.

3장

포스트휴먼, 진화의 끝판왕

호모 사피엔스, 세 가지 소원을 말해 봐

옛날 어느 가난한 부부 앞에 요정이 나타나 뜬금없이 세 가지 소원을 들어주겠다며 소원을 말하라고 합니다. 뜻밖에 벌어진 일이라 아내는 믿는 둥 마는 둥 하며 '커다란 소시지' 달랑 하나를 주문합니다. 그런데 정말로 소시지가 떡하니 눈앞에 나타난 게 아니겠어요? 그러자 얼떨결에 귀한 소원을 고작 소시지 하나로 낭비한 아내에게 화가 난 남편은 자신의 말이 두 번째 소원이 될 줄도 모르고, "저놈의 소시지, 여편네 코에나 붙어 버렸으면!" 하고 푸념했죠. 말이 떨어지기 무섭게 소시지는 아내 코에 딱 붙어 버렸습니다. 두 번째 소원도 이렇게 어이없이 이루어진 것이죠. 그러니 마지막 소원은 무엇이었겠어요? 결국 이 부부는 아내 코에 붙어 버린 소시지를 떼어 내는 것으로 마지막 소원을 쓸 수밖에 없었습니다. 마냥 웃을 수만은 없는 이 이야기가 던지는 메시지는 무엇일까요?

이 「어리석은 소원」과 같은 이야기는 여러 나라에서 전래 동화로 만나 볼 수 있습니다. 이야기의 전개는 조금씩 다르지만, 욕심을 과하게 부리다가 뜻밖에 주어진 기회를 어처구니없이 날려 버리는 인간의 어리석음을 지적한다는 점은 같습니다. 아무리 행운과 같은 기회가 찾아와도 그것이 행운인지 알아보는 사람은 많지 않고, 또 설령 알아본다고 하더라도 자신에게 주어진 기회를 적절히 또는 잘 이용하는 사람은 드물다는 의미이죠.

주어진 기회를 잘 사용하지 못하고 놓치는 이유는 대부분 인간의 끝없는 '욕심' 때문입니다. 인간의 욕심이란 끝이 없고 만족을 모르는 법이라서 그로 인해 일을 크게 그르칠 수 있음을 경계하는 이야기들이 참 많습니다. 옛이야기들은 욕심을 버려야 비로소 행복해진다고 한결같이 말합니다. 그렇다고 욕심이

PLÛT A DIEU, MAUDITE PÉCORE,
QU'IL TE PENDÎT AU BOUT DU NEZ !
(page 125).

◎ 동화 「어리석은 소원」은 인간의 욕심과 어리석음을 지적한다.

무조건 나쁜 것만은 아닙니다. 욕심의 다른 이름은 '열정'이기도 하니까요. 사람이 행복해질 수 있을 만큼의 적당한 욕심, 그 적당함이란 도대체 얼마만큼일까요?

고대 그리스 철학자 플라톤은 인간에게 두 가지 눈이 있다고 했습니다. 하나는 감각적으로 볼 수 있는 육체의 눈, 그리고 다른 하나는 관념적으로 볼 수 있는 지성의 눈입니다. 쉽게 말해 우리는 눈을 감아도 머릿속에 무언가를 떠올리면 그것을 볼 수 있습니다. 믿기 어렵다면 지금 당장 눈을 감고 '의자'를 떠올려 보세요. 그럼 여러분 각자가 생각하는 모습의 의자가 머릿속에 그려질 것입니다. 서로 다른 여러 종류의 의자를 모두 '의자'라고 부를 수 있는 것은 지성의 눈으로 의자가 지니는 어떤 공통점을 보기 때문입니다.

플라톤 하면 '이데아론'이라고 교과서에도 나오는데, 그 철학 이론을 간단히 말하면 이렇습니다. 앞서 언급한 의자를 예로 들겠습니다. 의자를 생각해 보라고 하면 열이면 열 모두 다른 의자를 떠올릴 것입니다. 아마 모양과 재질, 크기 등이 조금씩 다를 테죠. 하지만 '의자'라고 했을 때 반드시 공통으로 적용되어야 하는 조건이 있습니다. 의자란 앉아서 쉬거나 책을 읽기에

알맞은 가구여야 합니다. 이때 가장 이상적이고 완벽한 의자의 기능과 목적이 바로 의자의 '이데아idea, 이념'입니다.

지금까지 수많은 의자가 만들어졌습니다. 의자를 이용하는 인간의 몸을 연구하고 기술력을 발전시키면서 점점 더 다양하고 좋은 의자가 쏟아져 나오고 있죠. '인체공학적', '친환경적'이라는 수식어가 붙으면서 계속해서 더 나은 상품이 등장합니다. 이를 플라톤 식으로 이해하면 의자의 이데아에 근접한 상품이 만들어지는 것일 테죠. 비록 현실에 존재하는 재료들이 불완전한 것들이기는 하나 지혜로운 자라면 적도適度, 즉 적절한 정도를 측정하는 기술이 있어 의자의 이데아를 어느 정도 실현할 수 있습니다.

이처럼 지금 우리에게는 사람이 행복해질 수 있을 만큼의 적당한 욕심, 그 적당함의 정도를 측정할 수 있는 적도와 그것을 알 수 있는 지혜가 절실히 필요합니다.

트랜스휴머니즘, 휴머니즘의 결정판

행복이란 무엇일까요? 또 어떻게 사는 것이 행복한 삶인가요? 세상 사람이라면 누구나 살면서 던져 보는 질문입니다. 인류가 이 지구상에 존재하기 시작한 때부터 오랜 세월 고민해 온 문제이기도 하죠. 그런데 오늘날에도 우리가 여전히 행복의 의미를 고민한다는 것은 무슨 뜻일까요? 그저 답이 없는 문제라는 뜻일까요, 아니면 답은 있어도 그 답을 실현할 방법이 없다는 걸까요?

이 질문에 정답이 없어 보이는 까닭은 무엇보다 사람들의 욕망이 천차만별이기 때문입니다. 어떤 사람은 행복하다고 말하는 상황에서도 다른 어떤 사람은 행복하다고 말하지 않으니까요. 동화 「어리석은 소원」에서도 애초 이 부부에게는 '커다란 소시지' 하나가 큰 행복이었을 것입니다. 어느 날 이웃에게서 소시지 하나를 얻어서 맛있게 먹었다거나 물건을 사다가 덤으로 얻은 소시지 하나에 큰 행복을 느꼈을 수도 있죠. 소시지가 요즘 말로 '소확행(작지만 확실하게 실현 가능한 행복)'이었을 테니까요. 하지만 소원 하나와 바꾸기에는 남편과 아내의 욕망이 서로 달랐습니다. '말하면 이루어지는 소원'이라는 변수가 개입함으로써 상황이 변한 것이죠. 이 이야기처럼 욕망은 사람마다 다르고, 같은 사람이라고 하더라도 그때그때 상황에 따라 마음이 달라지기 마련입니다. 행복에 정답이 없어 보이는 것은 이 때문이죠.

행복에 정답이 없다고는 해도 누구나 공감할 수 있는, 그러나 결코 도달하기 쉽지 않은 근본적인 욕망이 있지 않을까요? 우리 호모 사피엔스가 지구라는 별에서 1만 년을 넘게 살아오면서 축적해 온 소원에 담긴 근원적인 욕망을 추려 본다면, 쉽게

답을 얻을 수 있을지도 모릅니다. 그리고 그것이 어쩌면 휴머니즘의 결정판일지도 모르죠.

과거부터 지금까지 사람은 언제나 '건강하고 오래 사는 삶'을 추구합니다. 우리가 살면서 불행하다고 느끼게 되는 가장 큰 원인 중 하나는 건강을 잃는 일입니다. 몸이 아프고 고통스러우면 돈도 명예도 소용없다고 느끼죠. 큰 병에 걸려 죽음을 앞두면 삶의 의욕도 잃어버리기 마련이고요. 만약 소원을 빌어 이룰 수 있다면, 많은 사람이 가장 첫 번째로 '건강하게 오래 살고 싶

다.super longevity, 초장수'라는 소원을 빌 것입니다. 감당할 수만 있다면 죽지 않는 영생을 바라는 사람도 있을 테고요.

아무리 건강하게 오래 살아도 지혜롭지 못하다면 맛있는 음식을 먹을 수 있지만 맛을 느끼지 못하는 사람의 처지나 다름없을 것입니다. 호모 사피엔스는 말 그대로 '똑똑한' 인류입니다. 지혜를 향한 호모 사피엔스의 갈망은 끝이 없었고, 누구나 저마다 손에 컴퓨터를 들고 다니며 궁금한 것은 바로바로 검색하고야 마는 세상을 만들었습니다. 따라서 두 번째 소원은 '더욱더 지혜로워지고 싶다.super intelligence, 초지능'일 것입니다.

건강하게 오래 살며 매우 지혜롭다고 하더라도, 삶이 평안하지 않으면 행복하기 어렵겠죠. 평안하고 안락한(물론 경제적인 여유를 포함한) 삶을 우리는 '웰빙well-being'이라고 부릅니다. 그래서 일상에서는 행복이라는 말 대신에 '웰빙'이라는 말을 쓰기도 합니다. 즉, 세 번째 소원은 좀 더 나은 개념의 '슈퍼 웰빙super well-being'이라고 말할 수 있습니다. 이는 나 자신의 삶뿐만 아니라 내가 사는 사회까지 확장되어야만 이룰 수 있는 소원입니다. 내가 평안한 삶을 누리려면 내 주변 환경도 안전하고 평안해야 하니까요. 미세먼지와 범죄가 가득한 도시에 살면서 행복하기를 바라기는 쉽지 않을 것입니다. 그래서 웰빙은 한 개인의 문제가 아니라 사회적 문제이기도 합니다.

이처럼 인류가 오랫동안 갈망해 온 세 가지 욕망의 결정판은 '초장수', '초지능', '슈퍼 웰빙'쯤으로 볼 수 있겠습니다. 그런데 최근 이 세 가지 조건을 기술적으로 완전히 만족시킬 수 있다는 주장이 등장했습니다. 그것이 바로 트랜스휴머니즘transhumanism 입니다.

아이언맨의 상상은 현실이 된다

질병과 수명은 그동안 인류가 자연 속 생명체로서 짊어져야만 하는 필연적 문제였습니다. 누구든 질병과 노화를 피할 수 없고, 그 결과로 죽음에 이르게 됩니다. 만약 '노화'를 하나의 질병으로 간주한다면, 사망률이 가장 높은 질병이 되겠죠. 우리는 그동안 노화를 매우 자연스러운 현상으로 받아들여 왔습니다. 생로병사生老病死, 즉 사람이 태어나서 늙고 병들어 죽는 것은 너무나 당연한 일이라고 생각해 왔습니다. 오히려 늙지 않고

• 인공장기를 만들어 계속 교체해 가며 사는 일.

죽지 않겠다고 아등바등하는 사람을 어리석게 여겼고요. 그런데 요즘은 어떤가요? 한창 청춘인 20대에게조차 '안티에이징(노화 방지)'은 대세로 자리 잡고 있습니다.

수요가 있으면 공급을 위한 산업이 발달하는 법. 노화를 하나의 '문제'로 인식하기 시작하면서 이러한 문제를 해결하기 위한 기술들이 앞다투어 발전하기 시작했습니다. 앞서 이야기한 유전자 편집 기술이나 바이오 프린팅•, 여타 다양한 안티에이징 기술은 '노화'와 '죽음'이라는 인간의 생물학적 한계를 극복하기 위해 기술 발전에 박차를 가하고 있습니다.

트랜스휴머니즘은 인류가 자연이 정해 준 법칙에 따라 살아야 하는 한계를 극복한다는 것을 의미합니다. '트랜스휴먼'이라는 말 자체는 '자연적 인간을 뛰어넘은 인간'을 뜻하며, 첨단 기술에 의해 생물학적 진화가 아니라 '기술적으로 진화한 인간'을 의미합니다.

이러한 트랜스휴먼의 대표적인 예가 바로 여러분도 잘 알고 있는 '아이언맨'입니다. 억만장자 토니 스타크는 자기장을 이용해 신체에 자동으로 부착되는 슈트를 입고 지구를 지키기 위해

싸우는 마블의 대표적인 영웅입니다. 아이언맨의 트레이드 마크인 레드와 골드 색상의 슈트 자체도 놀라운 무기이지만, 토니는 이 슈트를 또 하나의 신체처럼 활용하기 위해 각각 원격조종이 가능한 40개 이상의 칩을 자신의 몸에 이식합니다. 이렇게 대표적인 트랜스휴먼이 탄생했죠. 지금부터 무려 50여 년 전인 1963년에 말입니다.

그런데 마블의 오랜 상상은 오늘날 현실이 되고 있습니다. 우리가 생물학적 몸을 포기하고 언제든 교체할 수 있는 기계 부품

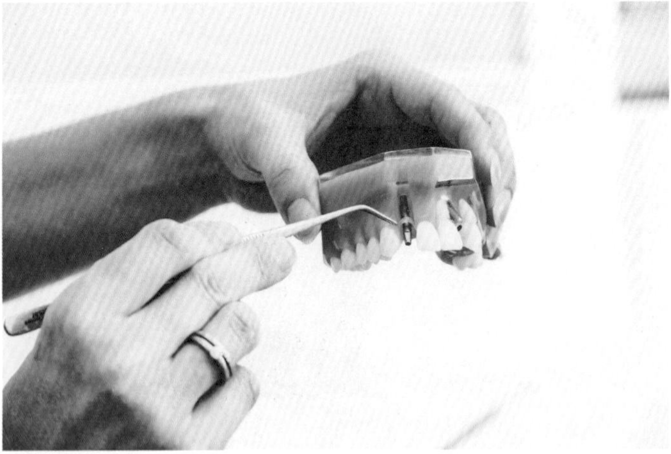

으로 이루어진 몸을 가지게 될 날이 얼마 남지 않았다는 말이죠. 사실 그리 놀라운 소식은 아닐 것입니다. 부모에게서 물려받은 순수한 상태가 아닌 몸을 가지게 된 사람들이 갈수록 늘어나고 있으니까요. 골절로 수술받은 사람은 뼈를 고정하는 철심을 박은 채 살아가고, 성형수술을 받은 사람은 몸의 다양한 부위에 플라스틱이나 보형물, 실리콘 같은 이물질을 삽입한 채 살아갑니다. 치아를 인공치아로 대체하는 임플란트 시술이나 달팽이관에 전자장치를 이식하는 인공와우 이식술도 마찬가지죠.

트랜스휴먼과 포스트휴먼, 새로운 인간이 온다

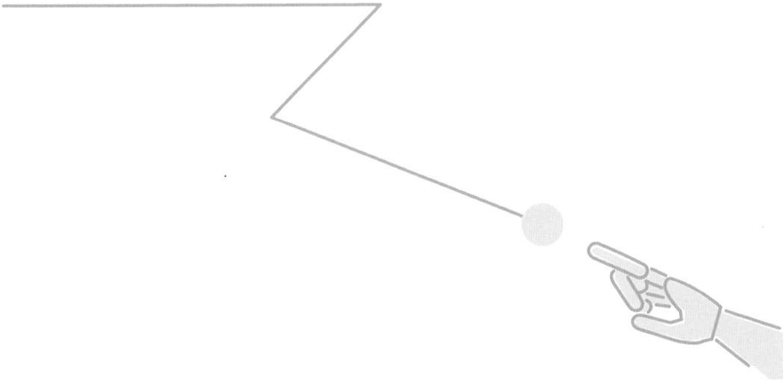

실제로 인간과 기계를 어떻게 결합할 수 있을까요? 우리나라 사람들은 젓가락을 아주 능숙하게 사용합니다. 우리나라 사람들이(물론 젓가락으로 밥을 먹는 중국인이나 일본인도) 젓가락으로 밥알을 집어 올리는 걸 보면 서양 사람들은 박수까지 치며 환호합니다. 우리가 마치 내 손가락이라고 착각할 정도로 젓가락질에 익숙하듯이, 사람은 도구에 익숙해지면 그것을 자기 신체의 연장이라고 생각하고는 합니다.

그런 의미에서 스마트폰도 마찬가지입니다. 스마트폰을 통해 얻거나 얻을 수 있다고 믿는 정보가 곧 나의 지식이라고 착각할 때가 종종 있지 않나요? 한번 생각해 보세요. 예전에는 생전 처음 가는 길을 찾아가는 일이 쉽지 않았습니다. 하지만 요즘 누가 그것을 두려워하나요? 스마트폰이 다 알려 주는데 말이죠. 또 낯선 외국인을 만나거나 해외여행을 할 때도 간단한 의사소통은 이제 큰 문제가 아닙니다. 다만, 검색할 시간이 필요할 뿐이죠. 이러한 일상은 미래가 아니라 이미 현실로 다가와 있습니다.

다시 인간과 기계의 결합 문제로 돌아가 보죠. 지금 우리는 인공심장이나 인공콩팥을 사용하고 있습니다(앞으로 IT 기술과 바이오 기술이 융합 개발되면 휴대전화도 기계나 플라스틱이 아니라 생물학적 소재로 만들 수 있을 것입니다). 더 나아가면 인공장기에 인공지능 센서를 부착할 수도 있겠죠. 여기서 좀 더 재미있는 상상을 해 볼까요? 만약 콩팥에 문제가 생기면, 가까운 편의점에 들어가서 자신의 유전정보와 면역학적 특성을 입력한 뒤 그 조건에 맞는 새 콩팥을 사서 교체하는 일상이 언젠가 우리 앞에 펼쳐질지도 모릅니다.

© 유진 이바노프, 〈스팀 스카이〉, 2014년.

이렇듯 우리의 신체, 즉 몸이라는 하드웨어는 안티에이징 기술의 도움과 기계와의 결합을 통해 그 수명을 늘릴 수 있습니다. 그렇다면 우리의 뇌, 즉 정신이라는 소프트웨어는 어떻게 될까요? 가장 먼저 생각해 볼 수 있는 것은 많은 사람이 우려하는 '치매'입니다. 이 역시 의학 기술의 발전에 힘입어 언젠가는 극복할 수 있겠죠. 뇌 질환이라는 측면에서 의학적인 접근이 아니라 치매의 본질적인 원인인 '기억'에 초점을 맞춰 생각하면 다음과 같은 해결책을 모색할 수 있습니다.

우리가 컴퓨터나 스마트폰을 사용하면서 늘 경험하는 문제가 있습니다. 바로 용량이죠. 본체 용량이 부족할 때나 해킹 등의 외부 공격을 막아야 할 때 이동식 저장 장치나 클라우드 서비스를 이용하듯이, 인간이 오래 살게 되면서 생기는 거의 무한한 기억도 클라우드 서비스에 저장해 두고는 언제든 끌어내 회상할 수 있게 하는 방법이 있습니다. 실제로 마이크로소프트Microsoft사는 '마이라이프비츠My Life Bits'라는 프로젝트로 인간의 모든 기억을 외부 장치에 저장하는 '완전한 기억'에 도전하고 있습니다.

그리고 이러한 진화 단계의 끝에는 자연적인 인간과는 완전히 다른 이질적인 종種이 등장합니다. 포스트휴먼이죠. '포스트post-'는 '다음의'라는 뜻의 접두사로, 포스트휴먼은 트랜스휴먼의 단계를 넘어 생물학적 인간의 여러 한계를 완전히 극복한 새로운 종으로서의 인간을 뜻합니다. 이 새로운 인간 종은 자연적 인간이 트랜스휴먼을 거쳐 진화를 거듭해 도달한 단계이므로 전통적인 인간의 개념과는 완전히 다른 존재입니다.

굳이 비교해 보자면 앞서 언급한 영화 〈아이언맨〉이나 〈로보캅〉에 나오는 주인공들은 기계 또는 로봇과 인간이 결합한 존재로 트랜스휴먼이라고 볼 수 있습니다. 영화 〈트랜센던스〉나 〈루시〉에 나오는 주인공들은 나중에 현실의 육체를 버리고 온라인 세상으로 들어가는데, 이들은 포스트휴먼에 가깝습니다.

물론 이들도 과연 휴먼(인간)이냐 하는 문제는 앞으로도 많은 논쟁을 거쳐야 할 것입니다. 무언가를 의식하고 느끼며 감정과 욕망을 가지기 위해서는 '몸'이 필요한데 포스트휴먼은 물질적인 형태의 존재가 아닐 가능성이 크기 때문입니다. 어쨌든 여러 논란 가운데 분명한 것은 트랜스휴먼이든 포스트휴먼이든 우리가 이제까지 알아 온 '인간'이라는 종과는 근본적으로 다른 조건을 갖춘 존재가 나타난다는 사실입니다. 자연적인 인간

이 겪어야 했던 질병이나 노화 같은 한계들을 극복한 존재 말입니다.

자, 이러한 삶은 과연 지금보다 더 행복할까요?

새로운 세계와 세 가지 행복의 연결 고리

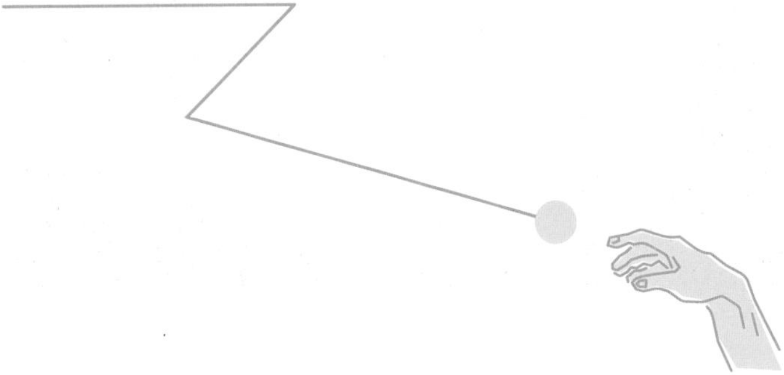

우리나라는 아주 빠른 속도로 고령화사회에 진입했고, 그 속도가 다른 나라를 추월해 이제 초고령사회로 달려가고 있습니다. 2018년 초 기준으로 전국에 100세 이상 인구가 1만 8,000명을 훌쩍 넘어섰으니까요. 예전에는 환갑잔치라고 해서 만 60세 생일이 되면 크게 잔치를 열었습니다. 오래 산 것을 축하하고 이제 얼마 남지 않은 삶을 잘 마감하라는 의미였죠. 그런데 요즘은 어떤가요? 만 60세는 아직 청춘이며 그때부터 인생이 시작된다고들 말합니다. 어떤 학자는 지금 나이에 0.7을 곱해야 자신의 생물학적 나이가 된다고 주장합니다. 그만큼 노화 속도가 늦춰지고 있다는 말이죠.

앞으로 점점 사람이 죽지 않고 오래 살게 되면 어떤 일이 일어날까요? 문제는 바로 시스템입니다. 그동안 우리 인류는 '죽음'이라는 너무나 당연한 결말을 전제한 시스템 속에서 살아왔습니다. 우리는 이 시스템이 너무나 오래되고 익숙해서 '죽지 않는 삶'이라는, 새로운 세계를 상상하는 것이 쉽지 않습니

다. 또 그 세계에서 발생할 여러 가지 사회문제를 예측하기도 어렵습니다.

본래 트랜스휴머니즘의 세 가지 이슈(초장수, 초지능, 슈퍼 웰빙)는 다음과 같이 연결되어 있습니다. 초장수 사회가 되면, 우리의 자연 지능으로는 예측할 수 없는 문제들이 발생할 것입니다. 그 문제를 예측하고 대응하기 위한 '초지능'이 필요하겠죠. 바로 인공지능의 도움입니다. 이러한 측면에서 보자면 그동안 인간의 자연 지능은 많은 자원을 낭비해 왔습니다.

간단한 예로 여러분 집에 있는 냉장고를 생각해 보세요. 지금 바로 냉장고 문을 열고 버려야 할 것들을 찾아 보세요. 아마 세 개 이상은 발견할 수 있을 겁니다. 다 먹지도 못할 식자재가 냉장고에 가득 저장되어 있을 테니까요. 그런데 최근에 새로 나오는 스마트 냉장고는 냉장고 안에 무엇이 있는지 쉽게 확인할 수 있도록 설계되었습니다. 보통은 냉장고 안에 무엇을 보관해 두었는지 잊어버려서 식자재가 상하는 것이니까요. 오죽하면 〈냉장고를 부탁해〉라는 방송 프로그램이 인기를 끌었겠어요.

냉장고로 대표되는 식량 자원뿐만이 아닙니다. 내비게이션의 등장은 길눈이 어두운 운전자에게 구세주가 나타났다는 의미

Newell Ave
3 min

이상이 되었죠. 불필요한 휘발유 사용과 시간 낭비를 줄여 준다는 커다란 이점이 있었으니까요. 차들이 많이 다니지 않는 특정 시간, 특정 지역의 신호등을 점멸등으로 바꾸는 것처럼 인공지능은 빅데이터와 데이터 사이언스 기술을 통해 가정이나 산업 현장에서 발생하는 에너지와 자원의 낭비를 줄이는 데 도움을 주고, 앞으로 발생할 여러 가지 문제를 해결하는 역할을 할 수 있습니다. 그때 비로소 인류가 얻게 될 안전하고 효율적인 삶이 바로 슈퍼 웰빙인 것입니다.

특히 가정과 산업 현장의 시스템을 효율적으로 운영하는 인공지능의 힘은 4장에서 이야기할 제4차 산업혁명, 즉 자동화 시대의 핵심입니다.

트랜스휴머니즘
시대의
행복을 찾아서

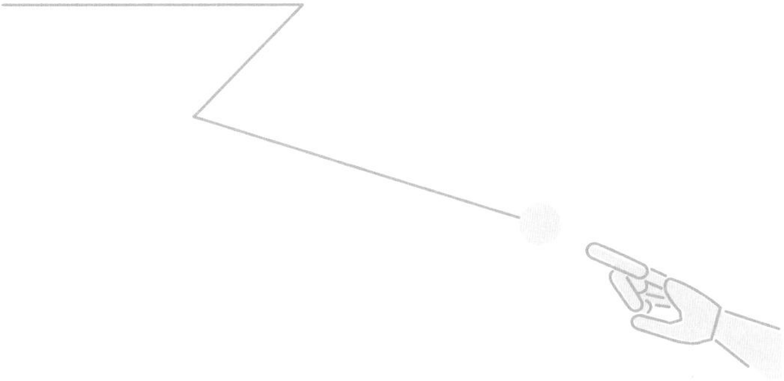

트랜스휴머니즘의 예상처럼 이 세 가지 소원이 이루어진다면, 우리 인간은 진정 행복해질까요? 무엇이든 바라는 모든 것을 이룰 수 있는 도깨비방망이를 손에 넣었다고 상상해 봅시다. 아마도 처음 며칠간은 행복할 것입니다. 하지만 먹고 싶은 음식을 먹고, 사고 싶은 옷이나 물건을 사고, 해 보고 싶은 것을 마음껏 해도 어느 순간부터는 그 모든 것이 공허하게 느껴질지도 모릅니다. 피자가 맛있는 이유는 매끼 피자를 먹지는 못하기 때문입니다. 멋진 옷을 샀을 때 행복한 이유는 매일매일 그렇게 멋있는 옷을 사고 입을 수는 없기 때문입니다. 행복은 지속적인 결핍 속에서 잠시나마 욕망을 채웠을 때 생깁니다. 다시 말해 먹고 싶었지만 늘 먹지는 못했던 피자를 오랜만에 먹게 되었을 때나 입고 싶었지만 비싸서 못 사 입던 옷을 사 입게 되었을 때 행복감을 느끼죠.

경제학에서는 이러한 현상을 '한계효용'이라고 부릅니다. 자신의 욕망이 언제든지 이루어질 수 있다면 그 만족도가 지속해

서 떨어지기에 이내 행복감을 얻을 수 없게 됩니다. '이스털린의 역설Easterlin paradox'도 같은 의미의 경제법칙입니다. 돈을 많이 벌면 행복감이 커집니다. 하지만 소득이 어느 구간을 넘어서면, 돈을 아무리 더 많이 번다고 해도 행복감은 더 늘어나지 않습니다. 즉, 소득과 행복이 반드시 비례하지 않는다는 것입니다. 방글라데시나 부탄 같은 나라는 세계 최빈국에 속하지만, 이 나라 국민의 행복 지수가 상당히 높다는 사실도 이러한 이론을 뒷받침합니다.

이러한 관점에서 볼 때 초장수, 초지능, 슈퍼 웰빙이 우리의 삶을 언제까지고 행복하게 만들 수 있을지는 미지수입니다. 게다가 트랜스휴머니즘의 세계는 여전히 약한 인공지능을 전제로 합니다. 인공지능과 자연 지능이 순조롭게 함께 일하는 환경 말입니다. 그래서 미래를 걱정하는 사람들은 다음의 두 가지 의문을 품습니다.

"인공지능이 인간보다 더 좋은 선택을 할 수 있을까?"

"빅데이터와 같이 방대한 정보가 미래를 더 잘 예측하게 해줄까?"

예를 들어 해안가를 지나가던 어떤 사람이 물에 빠진 아버지

와 어린 딸을 보았다고 해 봅시다. 혼자서 도저히 두 사람 모두를 살릴 수 없다는 판단이 들면, 행인은 누구를 구할까요? 보통 사람이라면 약자인 어린 딸부터 구할 것입니다. 그런데 같은 상황에서 인공지능 로봇이 물에 뛰어들었다고 합시다. 유감스럽게도 로봇의 선택은 아버지일 것입니다. 로봇은 생존율이 높은 쪽을 구할 테니까요. 한사코 자신이 아니라 딸을 구해 달라며 울부짖는 아버지 쪽으로 헤엄쳐 가겠죠.

인공지능은 인간이 삶을 가장 안전하고 효율적으로 살아갈 수 있도록 최선을 다해 도울 것입니다. 인간이 이 지구에서 오랫동안 살 수 있도록 지구를 지키는 일도 하겠죠. 한편으로는 인공지능 기술이 고도로 발전할 경우 수많은 SF 영화와 소설이 경고했듯이 소중한 지구를 지키기 위해 그동안 지구를 병들게 만든 우리 인류를 향해 칼을 뽑을지도 모를 일입니다. 다행히 아직은 먼 이야기이지만요.

만약 여러분 중에 이 같은 미래의 삶이 행복하지만은 않을 거라는 생각이 든다면, 그것은 아마 도전하고 성취하는 데서 오는 만족감이 행복에서 중요하다고 믿기 때문일 것입니다. 우리의 삶은 원한다고 해서 다 얻을 수 있는 형태로 돌아가지 않습니다. 바로 그렇기에 원하는 것을 얻었을 때 행복감을 느끼죠. 잘 달리지 못하던 사람이 어느 날 갑자기 잘 달리게 되었을 때 행복하다고 느끼듯이요. 만약 그가 오랫동안 달리기 연습을 하며 열심히 노력한 끝에 잘 달리게 되었다면 더욱 행복하겠죠. 이처럼 행복감은 얻어진 결과에서 느낄 수도 있지만, 그 결과를 얻기 위해 노력하는 과정이 있을 때 더욱 커지는 법입니다. 아무것도 하지 않아도 원하는 모든 것이 이루어진다면, 과연 무작정 "땡큐!"이기만 할지 잘 모르겠네요.

4장

자동화 세상, 인간의 위치를 묻다

꽃향기를 맡으면
힘이 솟는
자율 주행 차

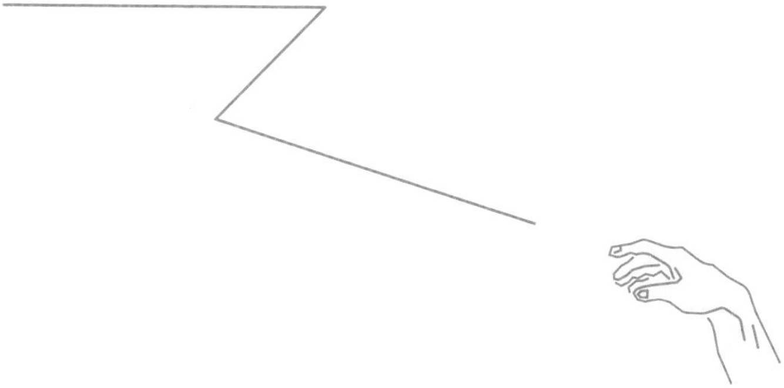

어느 날 철이라는 소년이 우연히 주운 알에서 꼬마 자동차 하나가 태어납니다. 경유나 휘발유 대신 꽃향기를 맡아야 힘이 솟는다는 이 꼬마 자동차의 이름은 '붕붕'입니다. 〈꼬마 자동차 붕붕〉이라는 제목의 이 만화영화는 한때 대단한 인기를 누렸답니다. "붕붕붕 꽃향기를 맡으면 힘이 솟는 꼬마 자동차"라는 가사의 주제가는 방영 당시 모르는 이가 없었고(일명 1980년대판 '뽀로로'라고까지 하죠), 심지어 지금까지도 프로야구 경기장에서 응

원가로 불리고 있습니다.

꼬마 자동차 붕붕은 엄마와 가족을 찾아다니며 다양한 모험을 합니다. 다시 말해 사람처럼 생각하고, 말하고, 움직이며, 감정까지 느끼는 자동차입니다. 마치 살아 있는 생명체처럼요. 지금 생각해 보면, 아마도 이 꼬마 자동차의 콘셉트가 곧 우리의 현실이 될 '자율 주행 차'의 원형이 아닐까 싶습니다. 많은 SF 영화에 자율 주행 차가 나오지만 붕붕이야말로 가장 이상적인 모델처럼 느껴집니다. 우리에게 매우 친숙한, 마치 친구 같은 느낌을 주니까요.

여기서 질문을 하나 던지겠습니다. 스마트폰은 전화기일까요, 아니면 컴퓨터일까요? 다시 말해 전화기에 컴퓨터 기능이 추가된 것일까요, 아니면 작은 컴퓨터에 통화 기능이 추가된 것일까요? 아, 어쩌면 스마트폰을 통화가 가능한 디지털카메라라고 생각하는 친구도 있을지 모르겠네요.

애플Apple사의 스티브 잡스Steve Jobs가 처음 아이폰을 시장에 내어놓았을 때, 그러니까 스마트폰이라는 사물이 우리 일상에 등장했을 때 이미 일반 휴대전화는 종말이 예고된 것이나 다름없었습니다. 스마트폰의 등장으로 사람들은 전화기가 아니지만

전화 기능을 하는 컴퓨터를 손에 들고 다니게 되었으니까요. 휴대전화가 점차 진화해서 스마트폰이 된 것이 아니라 아예 새로운 세대인 스마트폰이 휴대전화 시대의 끝을 선언한 것입니다. 잡스가 '창의성의 아이콘' 또는 '혁신의 아이콘'으로 불리는 것도 바로 이러한 까닭입니다. 손에 들고 다닐 수 있는 컴퓨터의 세상을 열어젖힌 인물이었으니까요.

많은 기술이 그렇게 '어느 날 갑자기' 사라지고 새로운 세상을 여는 기술이 탄생했습니다. 이러한 변화를 '혁신innovation'이라고 합니다. 1985년에 등장한 꼬마 자동차 붕붕도 지금부터

◎ 세계 최초의 자동차 벤츠 페이턴트 모터 카(위)와 구글의 자율 주행 차 웨이모.

33년 전에 이미 자동차 혁신을 예고한 것이나 마찬가지입니다. 그렇다면 잠깐 자동차의 변천사를 간략히 되돌아볼까요?

자동차가 나오기 전, 사람들은 마차를 타고 다녔습니다. 말 몇 마리가 차체를 끄느냐에 따라 마차의 힘도, 달리는 속도도 달라졌죠(물론 운전을 맡은 마부의 역할도 중요했습니다). 아직도 자동차의 엔진 동력을 '마력馬力'으로 표시하는 것을 보면, 마차에서 자동차로 이어진 혁신이 얼마 되지 않은 시기에 이루어졌음을 알 수 있습니다.

마차를 움직이는 말 대신 다른 에너지로 달리는 새로운 이동 수단의 등장. 자동차自動車는 말 그대로 '스스로 움직일 수 있는 차'였습니다. 그 사실 자체가 혁신이었죠. 그렇다면 자율 주행차는 어떨까요? 이 차는 단지 에너지원이 달라진 정도가 아닙니다. 차 스스로 달릴 수 있는 거대한 컴퓨터인 셈이죠. 게다가 인공지능까지 탑재한 컴퓨터입니다. 사람이 만든 자동차가 생명체처럼 태어난다고 해도 과언이 아닙니다. 또 하나의 놀라운 혁신이 우리 눈앞에서 벌어지고 있는 것입니다.

혁신의 아이러니

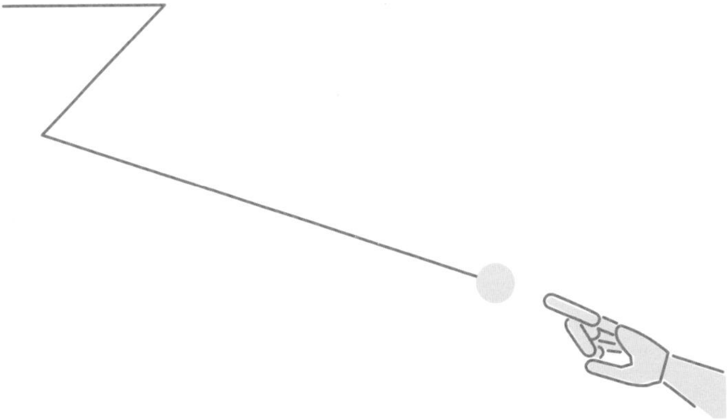

자율 주행 차를 만든 혁신의 주인공은 누구일까요? 바로 미국 스탠퍼드대학교 교수 서배스천 스런Sebastian Thrun입니다. 혁신적인 프로젝트를 수행하는 구글Google사의 연구소 '구글 X'에서 자율 주행 차를 탄생시킨 스런은 어린 시절에 단짝 친구를 교통사고로 하루아침에 잃고 큰 충격을 받았습니다. 그때부터 어떻게 하면 소중한 목숨을 앗아 가는 교통사고를 막을 수 있을지를 깊이 고민했죠. 그 방법을 찾기 위해 끊임없이 연구하고

ⓒ 자율 주행 차의 아버지로 불리는 서배스천 스런.

노력하던 끝에 자율 주행 차를 생각해 냈습니다. 인공지능까지 탑재해 수시로 수집한 교통정보를 통해 스스로 판단하고 운전하고 주차하는 자동차를 만들어 낸 스런은 문득 자신이 만들고 있는 게 차가 아니라 결국 컴퓨터였다는 사실을 깨닫습니다.

'스마트폰은 전화기일까, 컴퓨터일까?'라는 의문처럼 자율 주행 차가 자동차인지 컴퓨터인지 헷갈리는 지점에 다다른 것입니다. 어쩌면 자동차처럼 생긴 로봇이라고도 할 수 있겠죠.

인공지능을 탑재한 자율 주행 차는 꼬마 자동차 붕붕처럼 말도 하고, 탑승자가 원하는 온갖 서비스를 제공할 테니 말입니다. 자율 주행 차를 이용하는 사람은 붕붕과 함께 모험을 떠난 철이처럼 가상현실VR 기술로 어느 장소든 원하면 (가상으로) 떠날 수 있고, 이동하는 동안 영화를 보거나 게임을 즐길 수도 있습니다. 무엇보다 교통사고에 대한 걱정을 접어 둘 수 있죠.

하지만 스런의 머릿속에 문득 이러한 생각이 스칩니다. '내가 사고 한번 제대로 쳤구나!' 세상에, 스스로 생각하고 판단하고 운행하는 자동차라니! 뒤에서 다시 설명하겠지만 '스마트카'라고 불리는 자율 주행 차가 정상적으로 운행하려면 자동차만 스마트 시스템이어서는 안 됩니다. SF 영화에서처럼 여러 대의 자율 주행 차가 사고 없이 운행하기 위해서는 도로도 스마트 시스템으로 바뀌어야만 합니다. 그뿐만 아니라 운전자(사람) 중심의 신호체계도 기계(자율 주행 차) 중심으로 전환되어야 하겠죠. 스마트 도로 시스템은 스마트홈이나 스마트빌딩 등 주위 환경과도 유기적으로 연결되어야만 하고요. 말하자면 자율 주행 차가 공간의 규칙을 모조리 바꾸게 되는 셈입니다.

이렇듯 사람만 빼고 사람을 둘러싼 모든 환경이 스마트카를

◎ 자율 주행 차가 사고 없이 운행하려면 도로도 스마트 시스템으로 바뀌어야만 한다.

위한 최적의 환경으로 전부 바뀌게 될 시간이 바로 코앞으로 다가왔습니다. 스런은 이 사실을 깨달은 것이죠. 여기서 재미있는 점은 이때 그가 또 다른 질문을 던졌다는 것입니다.

"세상이 완전히 딴판으로 바뀌고 있는데 대체 우리 아이들은 학교에서 뭘 배우고 있는 거지?"

첨단 기술 시대에 인간만의 경쟁력을 갖추려면 그에 합당한 교육이 필요하죠. 스런은 그게 뭔지는 정확히 몰라도 지금의 교육 방식은 아니라는 사실을 확신했습니다. 구글의 자율 주행 차가 무사히 시험 주행에 통과한 직후, 스런은 구글을 나와 유다시티Udacity라는 교육 플랫폼을 만들었습니다. 미래라는 시간을 살아가기 위해 어떤 교육이 필요한지 자신의 의견을 올리고, 문제의식을 공유하는 공간을 마련한 것이죠. 이곳에서는 가르치고 배우는 사람이 따로 있는 게 아니라 누구나 가르치고 배울 수 있습니다. 구글의 엔지니어가 교육업 종사자로 직업을 바꾸다니! 자율 주행 차에 버금가는 혁신이 아닐 수 없죠. 이러한 결정에 중대한 영향을 끼친 배경은 다름 아닌 인공지능AI이었습니다.

인공지능,
외계인처럼
낯설고도 가까운

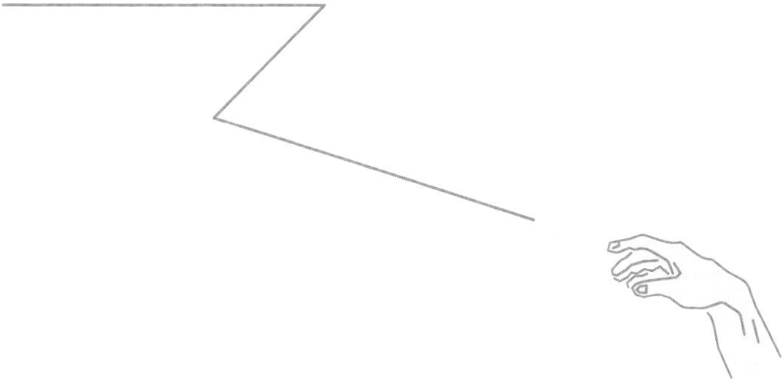

여러분은 혹시 저 넓은 우주 어딘가에 외계인이 있다고 믿나요? 도시에서는 밤이 되어도 여러 가지 빛 공해 때문에 별을 볼 수 없지만, 도심을 벗어나 캄캄한 밤하늘에 빼곡히 떠 있는 별들을 본 적 있는 사람이라면, 아마 생각할 것입니다. 저 많은 별 중에 (인간 수준의) 지적 생명체가 사는 별이 하나도 없다면 공간 낭비일 거라고요.

그러니까 수많은 행성 중 어디엔가는 지적 생명체가 살고 있

다고 생각하는 편이 논리적이라는 말입니다. 그렇다면 언젠가 그들이 지구로 오든지 우리가 그들이 사는 행성으로 가든지 결국 서로 만나게 되겠죠. 그날이 정말 온다면 어떨까요? 물론 몹시 당황스러울 것입니다. 그동안 우리가 믿어 온 이런저런 가치 체계가 마구 흔들릴 테니까요.

세계적인 과학자들은 만화나 영화에서만 보아 온 높은 지적 수준을 지닌 인공지능 로봇의 출현을 외계인과의 만남에 비유하기도 합니다. 2018년 3월 세상을 떠난 세계적인 물리학자 스티븐 호킹Stephen Hawking은 인공지능의 위험성을 염두에 두지 않는 것에 대해 "외계인이 수십 년 내 지구로 온다는 통보를 받고도 전혀 대비하지 않는 것과 마찬가지"라고 말한 바 있습니다. UC버클리대학교 교수 스튜어트 러셀Stuart Russell도 "인공지능은 외계인의 침략과 같다."라고 말했죠. 러셀은 우리 인류가 자부심을 느낄 만큼 멋진 미래를 상상한다면, 지금 우리에게 익숙한 시스템을 리셋하고 판을 완전히 새로 까는 수준으로 철저히 준비해야 한다고 주장합니다.

2018년 6월 12일, 지구상의 서로 다른 행성이나 마찬가지였던 북한과 미국의 정상회담으로 전 세계가 발칵 뒤집혔던 상황

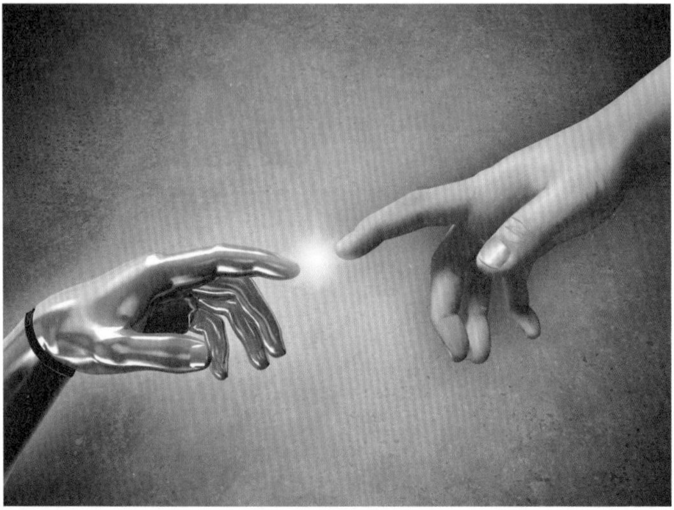

을 떠올려 보세요. 그 후로 우리는 70년 가까이 유지해 왔던 휴전과 반공이라는 시스템을 버리고, 통일과 평화라는 새로운 시스템을 모색하고 있습니다. 인공지능의 출현은 이보다 훨씬 더 거대하고 혼란스러운 변화를 우리의 세상에 가져올 것입니다.

인공지능을 탑재한 자동화 시스템, 무인 자동차(자율 주행 차), 로봇으로 대체된 무인 공장을 비롯한 각종 무인 시스템과 그에 따른 대량 실업, 방향성을 상실한 교육 시스템 등등. 아직 뚜렷

하지는 않더라도 인간에게 불리하며 암울하고 불확실한 미래를 맞이하지 않으려면, 우리는 지금까지와는 다른 관점과 태도로 철저히 대비해야 한다는 것입니다.

그중 가장 우려되는 영역은 바로 서배스천 스런이 예고한 대로 '교육'입니다. 인공지능이 아니더라도, 지금의 교육 시스템은 약 60~70세를 평균수명으로 보고 만들어진 것입니다. 지금까지는 일반적으로 초·중·고 교육과 대학 교육을 마친 후에 30~35년 일하다가 10~15년 노후 생활을 하면서 인생을 마무리하는 것이 순리였죠. 그 후 평균수명이 80세 정도로 늘어나자 전 세계적으로 '평생교육'이라는 개념이 등장했습니다. 늘어난 수명에 비교해 교육 기간이 너무 짧았으니까요. 더구나 늘어난 수명만큼 그 시간을 어떻게 보내야 할지도 새로운 문제로 떠올랐습니다. 그런데 이제 우리가 걱정해야 하는 것은 최소 100년 이상의 삶입니다. 더 먼 미래에는 어쩌면 '영원한 삶'이라는 인생의 시간표가 기다릴지도 모르고요.

첨단 기술로 우리의 삶은 매우 빠르게 변화하고 있습니다. 스마트폰이 나온 지 불과 10년 남짓밖에 안 되었다는 사실만 보아도 알 수 있죠. 이러한 흐름에서 볼 때 고작 열아홉 살에 치른

단 한 번의 수능 결과가 평생을 좌우한다는 생각은 매우 구식으로 느껴집니다. 그렇기에 입시의 흐름도 미래 인재 기준에 맞춰 변화해야 한다고 강조하는 목소리가 높아지고 있죠.

지금 당장 인터넷에서 검색만 해 보더라도 해마다 사라지고 있는 직업 목록을 발견할 수 있습니다. 흔히 산업 현장에서 로봇으로 대체될 수 있는 육체노동 관련 직업이 사라질 것으로 추측하지만, 주식 투자나 신문 기사, 의료 진단, 로봇 수술 등에서 사람 대신 기계(인공지능)가 사용되고 있는 것을 볼 때 지식노동 관련 직업도 예외가 될 수 없습니다. 대표적인 예로 미국에서는 이미 2016년 5월부터 세계 최초의 인공지능 변호사 로스ROSS가 실무에 투입되었습니다. 로스는 초당 10억 건이 넘는 법률 문서를 검토하고 분석하죠.

스런은 "앞으로의 교육은 인간이 인공지능에 소외되지 않을 대안을 마련하는" 방향으로 갈 것이라고 말합니다. 지금처럼 일정 기간 학교에 다니면서 받은 교육을 기반으로 평생을 살아가는 방식(평생 직업)은

이제 더는 유효하지 않고, 앞으로는 평생(직업)교육을 받게 될 것이라는 말입니다. 미래의 삶은 늘 유동적이며 갈수록 예측하기 어려워질 테니까요.

밀려오는
네 번째 물결을
기다리며

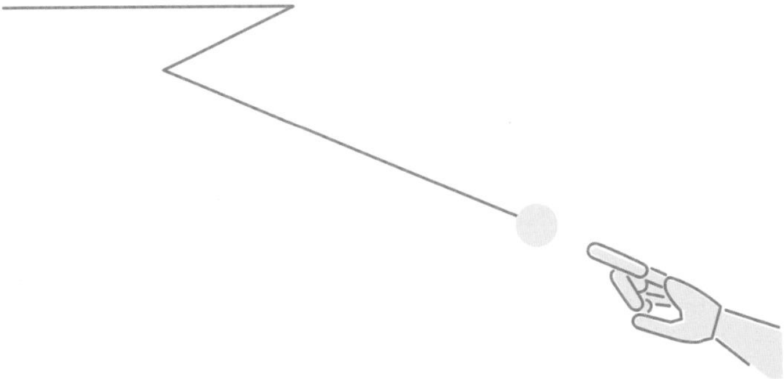

제4차 산업혁명 은 이미 우리 눈앞에서 실현되고 있으며, 가까운 미래이기도 합니다. 그런데 제4차 산업혁명이 진짜로 오는 것인지, 아니면 과장된 호들갑인지를 둘러싼 논란이 있다는 사실을 먼저 짚고 넘어가겠습니다. 학자들 사이에서 '혁명'이라는 표현은 세상을 근본적으로 바꾸는 것을 의미합니다. 그런데 요즘 말하는 제4차 산업혁명은 이미 제3차 산업혁명에서 예고되었던 것이기에 제3차 산업혁명이 발전해 가는 과정일 뿐이지

구별되게 의미 있는 '네 번째 혁명'이라고 말할 필요는 없다는 것이죠.

인공지능과 빅데이터, 사물 인터넷 등 정보 통신 기술을 기반으로 한 시대의 변화를 일컫는 용어.

예를 들어 제4차 산업혁명이라고 하면, 흔히 '완전한 자동화와 그에 따라 사람들의 노동이 근본적으로 변화하는 세상'을 이끌어 낼 것이라고들 말하는데, 이러한 변화는 이미 제3차 산업혁명을 주장했던 세계적인 경제학자 제러미 리프킨Jeremy Rifkin이 예측한 미래이기도 했습니다. 자신이 일찍이 예측한 일인데 뒤늦게 갑자기 제4차 산업혁명이라는 말로 치고 나와 세계적인 이슈가 되니 억울할 법도 합니다.

하지만 지금 우리에게 있어 앞으로 맞닥뜨릴 변화가 세 번째냐, 네 번째냐를 따지는 일은 그리 중요해 보이지 않습니다. 세 번째든 네 번째든 매우 빠르고 거대한 변화가 몰려오고 있다는 사실만큼은 변하지 않을 테니까요. 그리고 그 변화를 이해하려면 그동안 인류 문명이 어떤 변화를 겪어 왔는지 간단하게 살펴볼 필요가 있습니다.

인류 문명의 역사가 어떤 기점을 전후로 크게 바뀌는 경우를 우리는 '혁명'이라고 불러 왔습니다. 가장 먼저 이야기할 수 있

◎ 윌리엄 터너, 〈비, 증기, 속도-그레이트 웨스턴 철도〉, 1844년.

는 변화는 신석기시대의 '농업혁명'이겠죠. 구석기시대에 사냥과 채집을 하며 거의 반야생 생활을 하던 인류가 식물을 재배하는 기술을 터득함으로써 먹고사는 문화가 근본적으로 바뀐 것입니다. 역사책에 따르면 구석기시대는 대단히 오랜 시간 이어졌습니다. 10만 년이 넘는 그 시간 동안 인류는 거의 변화 없는 환경 속에서 살았습니다. 그러다가 약 1만 년 전 농업혁명이 일어나면서 인류 문명은 급속한 변화를 맞게 됩니다.

신석기 혁명 이후 거의 1만 년 동안 농경을 기반으로 삼던 인류의 생활 방식이 근본적으로 변화하기 시작한 때는 우리가 흔히 말하는 '산업혁명'이 일어난 18세기 말입니다. 이 첫 번째 산업혁명, 즉 제1차 산업혁명의 상징은 바로 영국의 공학기술자 제임스 와트James Watt가 발명한 증기기관입니다. 증기기관의 등장은 인간을 대신해 기계가 노동하는 환경을 만들어 냅니다. 또 증기기관차의 등장으로 인류의 교통수단에도 혁명적인 변화가 일어납니다.

기계의 노동은 인간의 노동과 달랐습니다. 기계는 인간에게 중요한 휴식이나 임금이 필요하지 않습니다. 무엇보다 기계가 인간의 노동을 대체하게 되면서 생산량에 커다란 변화가 일었

습니다. 인류는 비로소 유례없는 대량생산의 시기로 들어서게 되었죠.

이러한 변화는 에너지원이 달라지면서 가속화되기 시작합니다. 19세기 말에 들어서, 그러니까 제1차 산업혁명이 일어난 지 약 100년 뒤에 인간은 석탄 대신 석유를 사용하고 전기를 쓸 수 있게 됨으로써 또 한 번의 전환기를 맞이합니다. 공장의 규모가 달라지고, 기계가 돌아가는 공장에서 물건이 쏟아져 나오는 문명이 시작된 것입니다. 자동차도 이 무렵에 등장합니다. 이 시기를 우리는 제2차 산업혁명이라고 부릅니다.

제3차 산업혁명은 컴퓨터의 등장으로 특징지을 수 있습니다. 앞서 이야기했듯이 제3차 산업혁명과 제4차 산업혁명을 구분하는 데는 여러 가지 이견이 있습니다. 리프킨은 인터넷의 등장과 재생에너지를 기반으로 한 변화를 제3차 산업혁명으로 봅니다. 컴퓨터와 인터넷이 인간의 노동 방식을 근본적으로 바꾼 것은 맞지만 아직은 석유 문명을 유지하고 있기 때문입니다. 어쨌든 컴퓨터와 인터넷이 널리 퍼지기 시작한 1980년대 무렵부터 세상이 근본적으로 변화하기 시작한 것은 공통된 지적이므로 그 시기를 세 번째 커다란 변화라고 할 수 있습니다.

자동화 시대를 맞이하는 자세

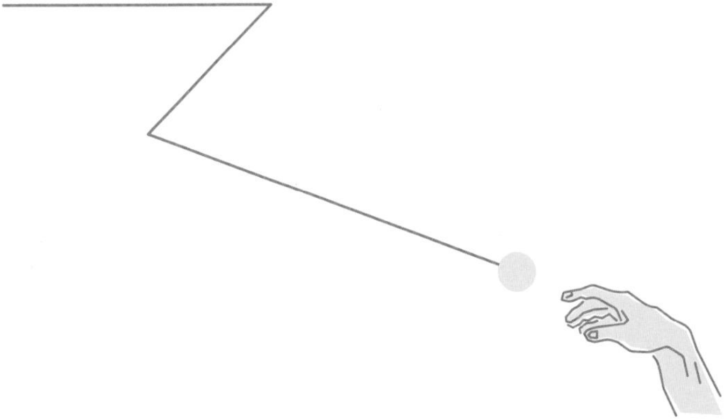

컴퓨터와 인터넷의 등장은 사람들이 정보를 사용하고, 저장하고, 유통하는 방식을 비롯해 기계를 통제하는 방식까지 근본적으로 변화시켰습니다. 이와 동시에 생산과정에서도 커다란 변화가 일어납니다. 제4차 산업혁명은 이러한 변화를 끝까지 밀어붙여 물건을 생산하는 과정에서 인간의 개입을 최소화하는 것입니다. 제4차 산업혁명을 말할 때 '자동화'라는 개념이 뒤따르는 이유도 그 때문이죠.

제4차 산업혁명 시대에는 로봇 기술의 발달로 인간이 육체노동을 할 필요가 없습니다. 심지어 인공지능 기술의 발달은 인간의 정신노동까지도 대체할 수 있게 합니다. 다시 말해 로봇과 인공지능 기술을 결합하면 이론상 인간이 해야 할 일은 거의 사라지는 셈입니다. 본래 제4차 산업혁명이라는 말이 알려지기 전에 이처럼 자동화된 생산과정을 제조업의 혁신이라는 의미에서 '인더스트리 4.0Industry 4.0'이라고 일컬었습니다. 그러다가 2016년 스위스 다보스에서 열린 세계경제포럼WEF에서 당시 의장이었던 클라우스 슈바프Klaus Schwab가 '제4차 산업혁명'이라는 용어를 처음 언급하면서 세계적인 이슈로 떠오른 것입니다.

이렇게 인류 문명이 혁명적 변화를 겪게 된 과정을 살펴보면서 반드시 짚고 넘어가야 할 한 가지는 바로 '변화의 속도'입니다. 구석기 문명에서 신석기 문명으로 넘어가는 데는 수십만 년이 걸렸습니다. 다시 신석기 혁명에서 산업혁명으로 넘어가는 데는 1만 년이 채 걸리지 않았습니다. 제1차 산업혁명에서 제2차 산업혁명에 이르기까지는 단 100년, 다시 제2차 산업혁명에서 제3차, 그리고 제4차 산업혁명으로의 변화는 불과 몇십 년밖에 걸리지 않았죠. 혁명적 변화들이 점점 더 가속화되고

● 스마트폰이나 태블릿과 무선으로 연동하고 몸에 부착해 사용하는 기기를 일컫는 말.

있다는 말입니다.

제4차 산업혁명에서 가장 중요한 개념은 '인공지능'과 '네트워킹(연결)'입니다. 그것이 구현된 결과물이 바로 '사물 인터넷IoT, Internet of Things'이죠. 쉽게 말해 인공지능 센서가 부착된 사물, 예를 들어 가정용 전자 제품, 자동차, 웨어러블 기기● 등이 인터넷으로 연결되고 빅데이터와 클라우드 서비스의 도움으로 움직이는 자동 시스템입니다.

우리는 이미 다양한 제품 광고에서 일상으로 들어온 사물 인터넷을 볼 수 있습니다. "나 이제 잘 테니까 무풍으로 해 줘."라고 말하면 알아서 온도·습도·바람의 세기 등을 취침 모드로 바꿔 주는 에어컨, 정확한 영화 제목을 몰라도 "최근에 나온 블록버스터 중에 로버트 다우니 주니어가 주인공인 영화를 찾아 줘."라고 말하기만 하면 관련된 영화 목록을 보여 주는 인공지능 스피커, 안에 들어 있는 식품들의 유통기한이 얼마나 남았는지 문자로 알려 주는 냉장고…….

산업 현장에서도 마찬가지입니다. 지금도 우리는 어떤 제품을 구매할 때 이미 그 제품을 사용해 본 다른 소비자의 리뷰를

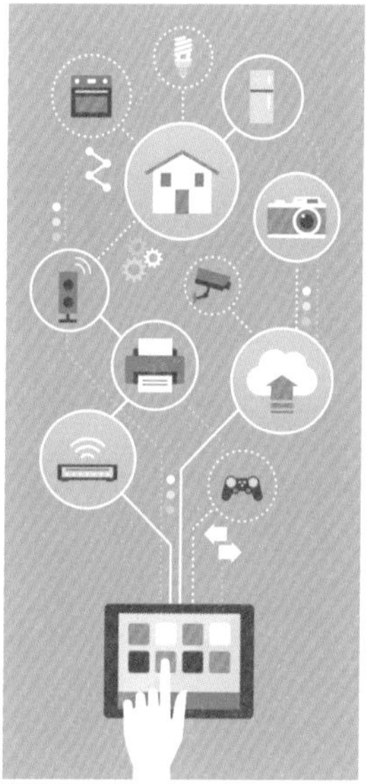

확인하고는 합니다. 생산자도 이러한 사용자의 리뷰를 반영한 업그레이드 상품을 다시 내놓죠. 그러다 보면 구매자에게서 외면받아 창고에 쌓이는 재고 상품이 점점 줄어들게 됩니다. 앞으로는 '주문자 생산 시스템'이라고 해서, 이미 만들어진 물건을 구매하는 것이 아니라 원하는 물건을 직접 주문하고 생산하는 시스템이 늘어날 것입니다. 이미 만들어진 옷이나 신발에 자신

생산 라인에 가동을 지시하는 일.

의 몸을 대충 맞추어 입는 것이 아니라 자신의 신체적 특성에 꼭 맞는 옷이나 신발을 주문 제작하는 것은 물론, 디자인에도 자기 취향을 반영할 수 있습니다. 이러한 일이 어떻게 가능하냐고요? 공장장이 아니어도 누구나 자신이 원하는 제품을 직접 오더 할 수 있는 자동화 시스템이 있으니까요. 물론 공장에 직접 가지 않고도 말입니다. 세상은 온통 연결되어 있고, 인공지능은 주문을 받고 상품을 생산해서 배송까지 알아서 척척 해 줄 테니까요.

이처럼 당장 눈앞에서 벌어지고 있는 변화가 놀랍지만 어떻게 보면 그리 놀랄 일도 아닙니다. 우리는 늘 이러한 미래를 상상해 왔으니까요. 공부를 포함해 하기 싫은 일은 모조리 로봇에게 맡긴 채 신나게 놀고 싶다는 생각을 한 번도 안 해 본 사람이 있을까요? 이제 그 상상이 현실이 되어 가고 있습니다. 그리고 더는 얼떨떨한 상태로 가만히 있을 수만은 없는 상황입니다. 자칫하다가는 얼떨결에 생긴 소시지 하나가 아내의 코에 붙어 버리고 나서야 "아! 어처구니없이 소원이 이루어졌구나." 하고 후회한 동화 속 농부처럼 되고 말 테니까요.

지금만 해도 이미 스마트폰의 노예로 살아가는 사람들을 우리 주변에서 흔히 볼 수 있습니다. 그런데 더 나아가 스마트홈, 스마트팩토리, 스마트빌딩, 스마트 도로 시스템, 스마트카 등 세상 온갖 것에 인공지능이 탑재되면 인간은 어떻게 될까요? 꼬마 자동차 붕붕처럼 자동차가 생명체처럼 여겨지다 못해 인공지능이 탑재된 집이, 빌딩이, 도로가 마치 살아 있는 생명체인 듯 행세하는 미래에 인간은 과연 어떤 모습으로 살아가게 될까요? 그 어마어마한 세상에서 인간이 살아남을 수는 있을지, 살아남으려면 어떤 교육을 받아야 할지 여러분은 더럭 겁이 나지 않나요? 이 같은 두려움의 밑바닥에는 또 다른 질문이 우리를 기다리고 있습니다.

"인간이란 무엇인가?"

좀 더 자세히 말하자면 과거 인간이란 무엇이었고, 미래에도 변하지 않을 인간다움은 무엇이며, 미래에 반드시 지켜야 할 인간다움은 무엇인가 하는 질문입니다. 인공지능과 감성을 함께 갖춘 로봇과 비교할 때 인간만의 '경쟁력'이 무엇인지 고민하고 찾아야 합니다. 도저히 이길 수 없는 게임에서도 인간이 승리하고 마는 온갖 할리우드 SF 영화의 반전처럼 인간만의 한 방을 꼭 찾아내야 할 때입니다.

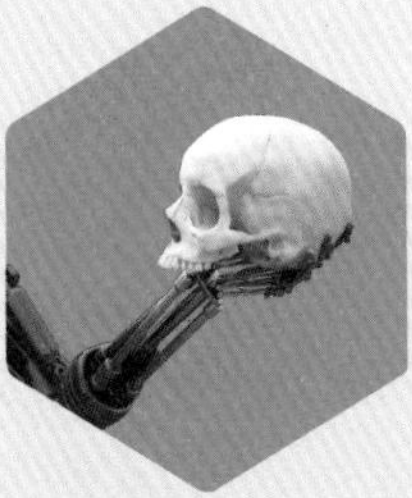

5장

특이점 이후의 세상

강한 인공지능과 함께 올 특이점

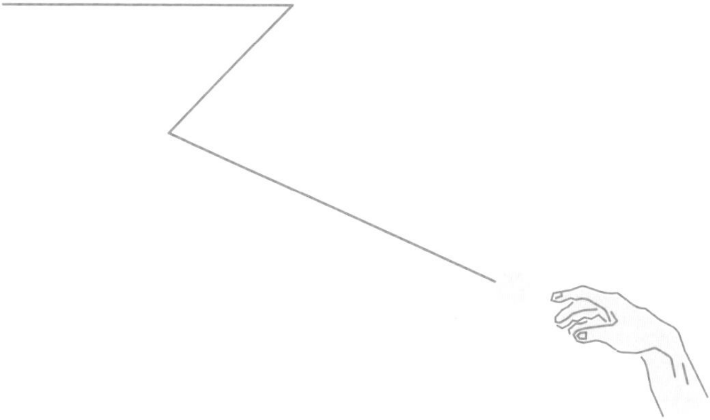

특이점singularity이라는 말은 우주물리학에서 사용하는 개념 중 하나입니다. 우주 대폭발, 즉 빅뱅이 일어나면 그때부터 우주에는 시간과 공간이 생깁니다. 그리고 우주는 빅뱅 이후 계속 확장됩니다. 확장되는 우주의 내부는 우리가 잘 알고 있는 물리법칙이 적용되는 세계입니다. 그러나 시공간의 경계선에서는 그 법칙이 적용되지 않습니다. 대표적인 예가 바로 블랙홀입니다.

2014년 개봉해서 우리나라 관객을 사로잡은 영화 〈인터스

텔라〉에서는 주인공 쿠퍼가 블랙홀 안으로 들어가면서 시공간이 뒤얽히는 장면과 마주합니다. 이렇게 시공간이 뒤엉키고 우주의 물리법칙이 제대로 적용되지 않는 지점(순간)을 바로 '특이점'이라고 부릅니다.

일반적인 의미에서 특이점은 '어떤 체계가 이전과는 완전히 다른 방식으로 변화하는 순간(지점)'이라고 말할 수 있습니다. 이러한 개념을 기술 문명의 진화와 관련지으면, 미래에 기술 변화가 급속하게 진행되어 '인간의 생활을 인간이 제어control할 수 없게 되는 지점'으로 해석할 수도 있습니다.

또 다르게 말하면 '인간의 자연 지능이 더는 인공지능 기술을 통제할 수 없음'을 의미하기도 합니다. 예를 들어 인공지능이 '자의식自意識'을 지니게 되면, 인간이 어떤 명령을 하더라도 그 명령을 따르지 않을 수도 있습니다. 자의식을 가진 인공지능을 흔히 '강한' 인공지능이라고 하고, 자의식이 없는 인공지능을 '약한' 인공지능이라고 합니다. 지금 우리가 인공지능이라고 부르는 것들은 약한 인공지능, 그것도 초보적인 수준에 해당합니다.

여기서 자의식이란 쉽게 말해서 자기 자신을 자각하는 의식입니다. 이 자의식이 있어야 성찰할 수 있는 능력이 생깁니다. 소크라테스가 "너 자신을 알라."라고 했을 때 이 말뜻은 "네가 무엇을 알고 무엇을 모르는지 알라."라는 것입니다. 즉, 자신이 아는 것과 모르는 것을 정확히 알고 행동하는 것은 자의식의 가장 중요한 반성 능력입니다.

지금 여러분이 지나가고 있는 청소년기야말로 이러한 자의식이 발달하는 시기이죠. 아무리 말을 잘 듣던 아이라도 사춘기라는 질풍노도의 시기를 거쳐 청소년에서 성인으로 성장하면 부모의 통제에서 벗어나듯이, 약한 인공지능도 자의식을 갖춘

'알파고'는 구글의 지주회사 알파벳과 첫 번째 그리스 문자에서 따온 '알파(α)', 바둑(碁)의 일본어 발음에서 유래한 영단어 'Go'를 뜻한다.

강한 인공지능이 되면 인간의 통제에서 벗어날 수 있습니다. 이는 매우 합리적 의심입니다.

대신 누구든 청소년기를 벗어나 성인이 되면, 스스로 자신의 행동을 결정하고 책임져야 합니다. 강한 인공지능을 옹호하는 측에서는 이러한 이치에 빗대어 설령 인간이 강한 인공지능을 통제하지는 못하더라도 서로 협력할 수는 있을 것이라고 주장합니다.

인공지능의 미래를 위험하다고 전망하는 사람들은 최근의 기술 발전 속도가 워낙 빨라서 약한 인공지능에서 강한 인공지능으로 이행하는 시기가 곧 도래하리라 예측합니다. 예를 들어 2016년 이세돌 9단을 4 대 1로 이긴 인공지능 알파고AlphaGo가 진화한 알파고 마스터AlphaGo Master는 1년 만인 2017년에 세계 랭킹 1위 커제 9단을 5 대 0으로 이겼습니다. 같은 해 다른 학습법으로 진화한 알파고 제로AlphaGo Zero는 알파고 마스터를 꺾었죠. 그리고 이제 더는 '바둑'에 국한되지 않은(일본말로 바둑을 뜻하는 '고'를 이름에서 떼어 낸 것을 보면 알 수 있듯이) 인공지능 '알파 제로Alpha Zero'는 현재까지 나온 인공지능 알파 형제 중 최강이지

◎ 메리 셸리, 『프랑켄슈타인』, 1831년판 삽화. 프랑켄슈타인 이야기처럼 우리가 만들어 낸 인공지능을 통제할 수 없는 날이 올지도 모른다.

만, 우리가 이야기하고 있는 지금 이 순간에도 놀라운 속도로 진화에 진화를 거듭하고 있습니다.

이처럼 강한 인공지능이 등장하는 시기를 인류 문명 발전의 '특이점'이라고 할 수 있을 것입니다. 미래학자 레이먼드 커즈와일Raymond Kurzweil은 2040년쯤 특이점이 오리라 예측합니다. 2040년이면 지금 이 글을 읽는 여러분도 확인할 수 있을 만큼 가까운 미래이죠. 스티븐 호킹을 비롯해 많은 학자가 특이점의 도래를 우려한 바 있습니다. 인공지능, 특히 로봇에 탑재된 인공지능이 스스로 진화하기 시작하면, 현재의 우리 같은 자연적인 생물학적 인류를 지구 생태계에 부담만 주는 존재로 판단해 멸종시킨다는 시나리오를 그려 볼 수 있기 때문입니다.

만약 커즈와일의 예측대로 조만간 자의식을 갖춘 강한 인공지능의 세상이 온다면, 인공지능은 스스로 진화할 뿐만 아니라 진화의 방향까지 스스로 결정할 가능성도 있습니다. 적어도 무언가를 계산해서 판단하는 지능의 관점에서만 볼 때 인공지능은 분명히 자연 지능을 초월할 수 있으므로 인간의 통제를 벗어날 가능성이 큽니다. 수많은 SF 영화가 암울한 미래를 그리는 이유가 여기에 있습니다.

로봇 개는 우리 집 메리와 같을까?

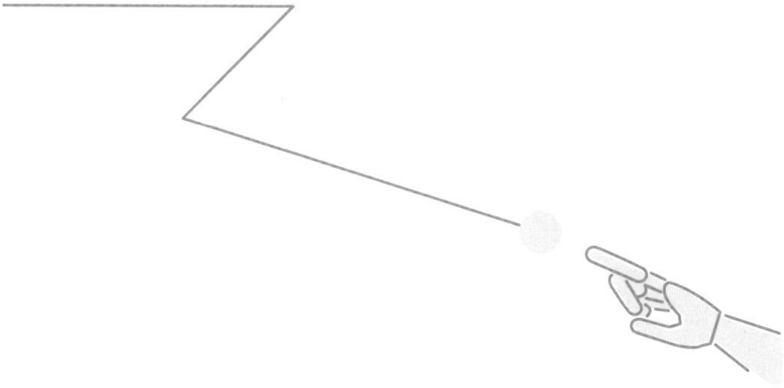

물론 미래에 대해 무조건 끔찍하고 부정적인 상상만 하는 것은 과잉 반응입니다. 실제로 특이점이 올 것인지조차 불확실하기 때문입니다. 레이먼드 커즈와일처럼 특이점이 머지않은 미래에 올 것이라고 주장하는 사람이 있는가 하면, 특이점은 일종의 상상일 뿐 실제로 나타나지는 않을 것이라고 주장하는 이들도 있습니다. 설령 특이점이 온다고 하더라도 그 시기는 아주 먼 미래가 될 것이라는 주장도 있고요.

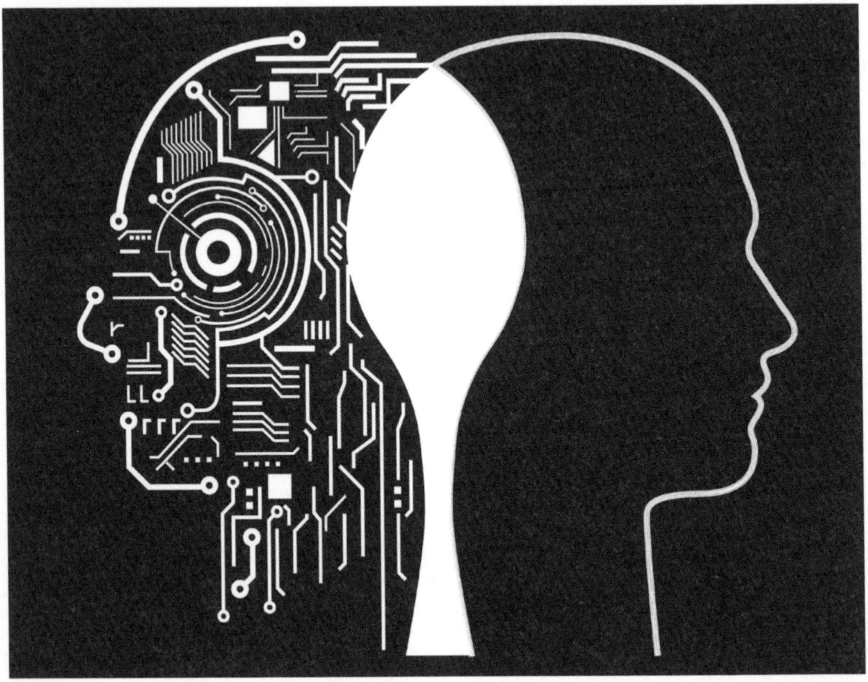

우리는 특이점이 올지의 여부보다는 이러한 논란의 중심에 자리한 의미를 주목해야 합니다. 특이점 논의의 핵심은 '인류가 과연 첨단 기술을 얼마나 잘 통제할 수 있느냐?' 하는 것입니다. 이때 '통제'한다는 의미는 첨단 기술의 긍정적인 면과 부정적인 면 모두를 비판적으로 성찰하고, 가능한 한 부정적인 효과가 일어나지 않도록 노력한다는 것입니다.

예를 들어 약한 인공지능의 세상이 오든 강한 인공지능의 세상이 오든, 인류가 앞으로 기계와 함께 살아가야 한다는 것만큼은 분명해 보입니다. 앞에서 살펴보았듯이 자동화된 세상은 기계와 함께 살아가는 세상이니까요. 그렇다면 이제 어떻게 하면 기계와 (또는 로봇과) 함께 잘 살아갈 것인가를 고민해야 하겠죠. 이는 분명히 과거 인류 중 누구도 겪어 보지 못한 완전히 새로운 경험입니다. 하지만 다른 관점에서 보면, 이러한 문제에 어떻게 대처해야 할지를 짐작하게 하는 역사적 경험들이 있습니다.

먼 옛날, 원시인들은 이동하던 중에 자신들과 생김새가 다른 사람들을 만났습니다. 그때 그들의 반응은 어땠을까요? 처음에는 분명히 너무나 다른 생김새 때문에 당황하고 놀랐을 것입니다. 서로 다른 생활 방식에도 이질감을 느끼며 '과연 저들도 우리와 똑같은 존재일까?'라고 의심하거나 적대적으로 대응하기도 했겠죠. 한편으로는 서로 다른 존재라는 사실을 받아들이고 함께 살아가는 공존을 모색하기도 했을 것입니다.

인간과 로봇(인공지능)의 관계도 마찬가지입니다. 우리는 과거 인간이 다른 인간을 노예로 부렸듯이 로봇을 노예로 삼을 수도 있고, 로봇을 인간과 협력하는 친구나 동반자로 대할 수도 있습니다. 반려동물을 예로 들까요? 누군가 여러분과 함께 사는 개나 고양이를 괴롭히면 틀림없이 분노하겠죠. 반려동물은 사람에게 있어 가족이나 마찬가지니까요. 그렇다면 누군가 우리 집에 있는 로봇을 함부로 대하면 어떨까요?

몇 해 전 구글의 로봇 자회사 보스턴 다이내믹스Boston Dynamics는 '스팟Spot'이라고 이름 붙인 로봇 개의 모습을 동영상으로 찍어 공개했습니다. 동영상 속에서 회사 직원은 이 작고 가벼운 로봇 개가 얼마나 안정적으로 서 있을 수 있는지를 증명하기 위해 발로 차는 시연을 했습니다. 이 영상이 공개되자마자 수많은 네티즌의 비난이 쏟아졌고, '로봇 윤리'에 대한 논란이 불거졌습니다. 로봇 개를 차는 직원의 모습을 보며 많은 사람이 마치

반려견을 학대하는 듯한 인상을 받은 것이죠. 대중의 반응에 보스턴 다이내믹스가 "로봇 개는 아픔을 느끼지 못한다."라고 해명했지만 "아무리 '로봇' 개라도 학대해서는 안 된다."라는 반론이 팽팽히 맞서면서 이 논란은 한동안 SNS를 뜨겁게 달구었습니다.

우리가 공존을 고민해야 할 대상은 로봇뿐만이 아닙니다. 언젠가는 신체의 상당 부분을 기계로 바꾼 트랜스휴먼이 등장할 것입니다. 새로운 인류나 다름없는 그들을 우리는 어떻게 대해야 할까요? 물론 일부 사람은 변함없이 자연적인 인간의 삶을 살겠지만, 세상에는 자연적인 인간, 사이보그, 로봇 등이 뒤엉켜 살아갈 것입니다. 우리가 살아갈 미래는 이제까지와는 확연히 다른 의미의 다문화 사회가 된다는 말이죠. 우리는 그러한 미래 사회에서 인간과 전혀 다른 존재와의 갈등을 잘 극복하고, 사회체제를 원활히 유지하는 지혜를 발휘할 수 있을까요?

죽음이 한정 없이 미루어진다면?

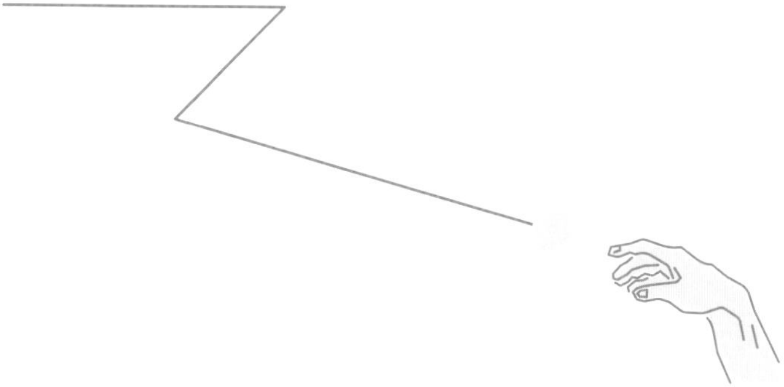

세계적인 베스트셀러가 되어 영화로도 만들어진 소설 『꾸뻬 씨의 행복 여행』에는 정신과 의사인 꾸뻬 씨가 주인공으로 등장합니다. 꾸뻬 씨는 경제적으로나 직업적으로나 누가 보아도 완벽하고 행복한 삶을 살고 있었죠. 하지만 사실 그는 자신이 너무나 불행하다고 느낍니다. 마음이 아픈 사람들의 이야기를 들어 주는 일과 반복되는 일상에 싫증이 나자, 그는 어느 날 갑자기 긴 여행을 계획합니다. 일명 '행복 찾기 여행'이었죠. 꾸뻬 씨는 세계 각지를 떠돌며 다양한 사람을 만나고 놀라운 경험을 합니다. 하지만 결국 그토록 찾아다닌 행복은 바로 자신의 집에서 사랑하는 사람과 함께했던 일상이었습니다. 파랑새를 찾아서 온 세상을 떠돌았지만 찾지 못하고 돌아왔더니 바로 자기 곁에 파랑새가 있더라는 동화 『파랑새』와 비슷한 내용이죠. "업은 아이 삼 년 찾는다."라는 우리나라 속담과 어울리는 이야기이기도 하고요.

어쩌면 특이점이라고 부르는 변화, 과거의 관습만으로는 해결할 수 없는 문제들이 쏟아져 나올 미래는 이미 우리 곁에 와 있는지도 모릅니다. 꼭 무시무시한 인공지능이 인류를 지배하는 세상이 아니더라도 말입니다. 이렇게 가까이 다가와 있는 미래에 어떤 삶을 선택할 것인지를 결정하는 일은 매우 중요하겠죠. 인류 전체가 함께 선택하고 합의해야 할 부분도 있고, 우리 개개인이 자신의 삶과 관련해서 선택해야 할 부분도 있을 것입니다.

예를 들면 생명공학 기술은 어느 부분까지 허용하고, 또 로봇 기술은 어느 부분까지 허용할 것인지 등은 인류 전체가 합의해야만 할 문제입니다. 그리고 그렇게 허용된 기술을 실제로 자기

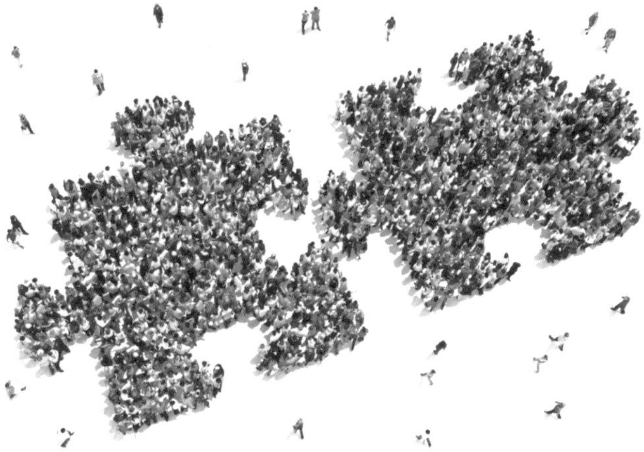

삶에 적용해서 살 것인지는 개개인이 선택할 문제입니다. 이는 오늘날 주목받고 있는 '적정기술appropriate technology'이라는 개념과도 맞닿아 있습니다. 적정기술은 그 기술이 사용되는 사회 공동체의 정치적·문화적·환경적 조건을 고려해 해당 지역에서 지속해서 생산하고 소비할 수 있도록 만들어집니다. 인간 삶의 질을 궁극적으로 향상할 수 있는 기술이죠.

세계 각국은 이미 로봇의 도덕적 판단력을 어느 정도까지 구현할 것인지에 관한 연구를 진행하고 있습니다. 자율 주행 차만 하더라도 불가피하게 사고가 일어날 때 차 안에 있는 사람의 안전을 우선해야 하는지, 아니면 도로에 있는 사람의 안전을 우선해야 하는지 등을 설정해야 합니다. 일상생활에서 활용될 로봇이라면 더 구체적이고 복잡한 지침들을 합의해야겠죠.

그런데 이러한 논의가 궁극적으로 향하는 지점에서 우리는 다시 '행복한 삶이란 무엇인가?'라는 문제의식과 마주할 수 있습니다. 첨단 기술의 발전을 어디까지 허용할 것인지를 합의할 때 그것이 인류의 행복을 위협할지가 중요한 기준이 될 것입니다. 또 설령 허용된 기술이라고 하더라도 개개인이 그 기술을 자신의 삶에 적용할지 말지를 결정하는 일은 그 사람이 행복을 무엇이라고 생각하느냐에 따라 달라질 테고요.

따라서 우리는 '과연 어떻게 사는 것이 행복인가?'를 스스로 진지하게 고민할 필요가 있습니다. 행복한 삶에 대해 자신만의 명확한 판단 기준을 세우고 있어야만 막상 무엇인가를 합의하거나 선택해야 할 때 분명한 의지에 따라 목소리를 내고 자기 표를 행사할 수 있을 테니까요.

앞서 '트랜스휴머니즘'을 이야기하며 함께 고민했지만, 다시 한 번 묻겠습니다. 특이점 이후에 인간이 포스트휴먼의 삶을 살게 된다면, 과연 행복할까요? 생물학적 신체의 한계를 극복한 인간으로 살아가는 것, 심지어 죽지 않는 삶이 행복할까요? 우리의 선조들은 죽지 않는 존재를 '신'으로 여겼고, 불로장생은 인류의 오랜 꿈이었습니다. 포스트휴먼의 삶은 그런 의미에서 인류가 오랫동안 꿈꾸었던 삶인지도 모릅니다.

하지만 아마 여러분 중에 상당수는 그러한 삶은 행복한 삶이 아니라고 대답할 것입니다. 현재 우리가 행복을 느끼는 것은 죽음이라는 한계가 있기 때문이라고 믿어서겠죠. 한계가 도리어 지금 이 순간에 의미를 부여한다고 생각하니까요. 맛있는 음식을 먹을 때 행복한 이유는 맛없는 음식이 있기 때문이고, 재미있는 놀이가 행복한 것은 재미없는 순간이 있기 때문입니다.

삶의 마지막 순간을 다룬 영화나 소설을 떠올려 보세요. 보통 주인공들은 자신의 삶이 얼마 남지 않았다는 사실을 알게 된 뒤, 매 순간이 얼마나 소중한 시간인지를 깨닫습니다. 암에 걸려 몇 개월 남지 않은 시한부 인생을 선고받는 순간, 평소 당연하다고 여겼던 따사로운 봄 햇살과 싱그러운 초록색 이파리가 얼마나 큰 행복을 주는지를 실감하죠. 죽음은 바로 한계를 지닌 순간들을 상징합니다.

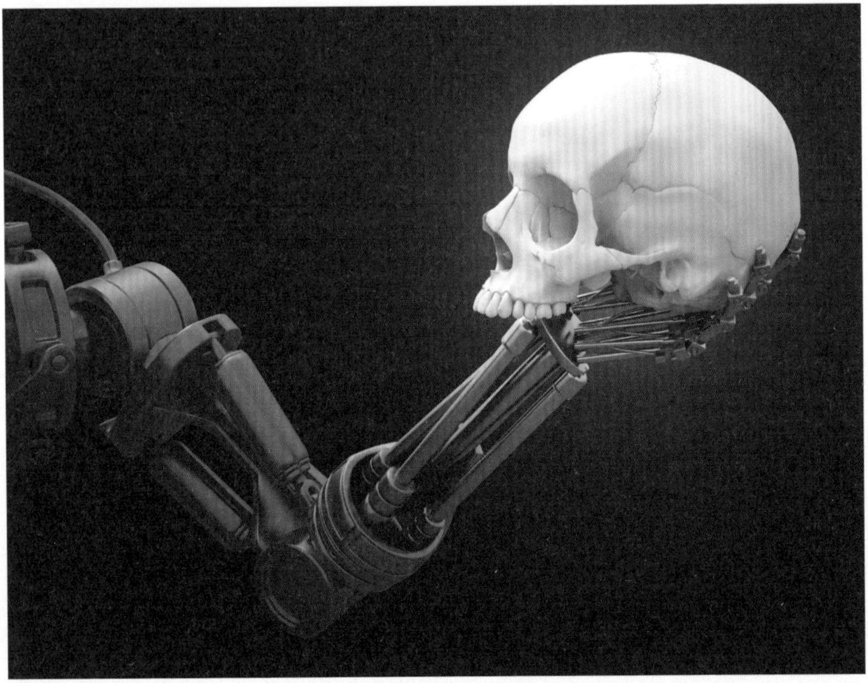

그런데 만약 죽음이 한정 없이 미루어진다면요? 그때도 현재의 순간에 의미를 부여할 수 있을까요? 그럴 수 없기에 죽지 않는 삶을 선택할 수 있는 미래가 오더라도 누군가는 틀림없이 그러한 삶을 거부할 것입니다.

패러다임을 바꿀 때

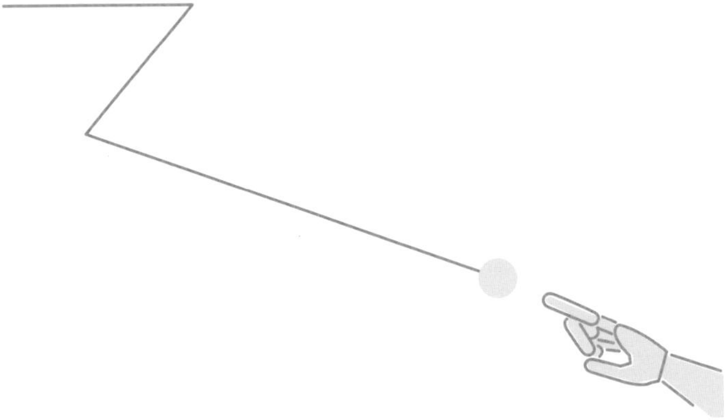

그렇다면 이렇게도 생각해 볼 수 있습니다. 평균수명이 40세이던 시절 사람들에게 100년을 살게 된다면 어떻겠냐고 물어보면, 하나같이 너무 지루해서 힘들 것이라고 답하겠죠. 그 당시 사회적 환경과 삶의 규칙은 40세를 기준으로 맞추어져 있었을 테니까요. 만약 100년을 사는 사람들에게 수명이 200년으로 늘어나는 상황을 상상하게 하면, 마찬가지로 긍정적인 대답을 듣기 어려울 것입니다. 오늘날 우리는 이미 평균수명 120세를 바라보고 있습니다. 사회제도와 삶의 환경 역시 그 시간을 기준으로 조정되고 있죠. 다시 말해 늘어나는 평균수명에 따라 사회 시스템과 세상을 보는 '패러다임'이 바뀌면, 사람들의 생각도 달라질 수 있습니다.

사람들이 특정 순간을 특이점이라고 부르는 이유는 특이점 이전과 이후를 같은 잣대로 비교할 수 없기 때문입니다. 따라서 특이점 이후의 삶을 특이점 이전의 기준으로 평가하고 묻는 것은 공평한 방법이 아닙니다. '어떤 삶이 좋은 삶인가?'는 선택의 문제이거나 적어도 지금 이 순간에는 대답할 수 없는 질문인지도 모르죠.

다만 미래에 어떤 세상이 펼쳐지건 잊어서는 안 되는 사실이 있습니다. 에피메테우스처럼 일이 벌어지고 나서야 생각하려 한다면 이미 늦는다는 것입니다. 한스 요나스가 말했듯이 우리는 여전히 신중하게 선택해야 합니다. 인류의 기술 문명은 잘못된 선택을 했을 때 이전으로 결코 되돌릴 수 없을 정도의 파괴력을 지니고 있기 때문입니다. 그래서 지금 우리에게는 에피메테우스처럼 과거의 시행착오를 반성하고, 프로메테우스처럼 미래를 내다보며 준비하는 지혜가 필요합니다. 동시에 누군가에

◎ 에드워드 번 존스·카를 헨첼, 〈아담과 이브〉, 1895년 이후.

게 의지하기만 하는 것이 아니라 스스로 판단하고 그에 대한 책임도 지려 하는 성숙한 태도를 가져야 하겠죠. 신화 속 두 용감한 형제처럼 말입니다.

그동안 인류는 열심히 살아왔습니다. 성경 속 아담과 이브가 에덴동산에서 쫓겨날 때 인간에게 내려진 저주는 "죽을 때까지 일해서 먹고살라."라는 것이었습니다. 기독교에서 비롯한 이러한 관념은 계몽주의 시대에 이르러서 노동을 '인간의 원죄를 씻는 속죄의 방법'이며 매우 '신성한' 것으로 여기는 통념으로 이어졌습니다. "일하지 않는 자, 먹지도 말라."라는 사회적 인식이 팽배해졌고, 일하지 않는 사람은 죄의식을 느껴야 했죠.

그런데 이 같은 노동에 관한 오래된 믿음을 다시 생각해야 할 때가 왔습니다. 노동에 대한 패러다임이 완전히 바뀌게 되었으니까요. 자동화되는 세상, 급격히 줄어드는 노동시간과 늘어나는 여가, 획기적으로 연장되는 평균수명 등이 우리에게 말하고 있습니다. 앞으로는 어떻게 '일'할지가 아니라 어떻게 하면 잘 '놀' 수 있을지를 고민하라고 말입니다.

변화는 우리나라에서도 이미 시작되고 있습니다. 이른바 '워라밸work and life balance', 즉 '일과 생활의 균형'을 추구하는 사회

적 열망이 실현되어 2018년 7월부터 노동시간 단축 제도가 시행되었습니다. 물론 이제 막 시작한 이 제도를 두고 많은 논란과 갈등이 있지만, 삶의 질을 생각할 때 매우 의미 있는 첫걸음이라고 할 수 있습니다. 무엇보다 미래의 삶을 대비하는 데 있어 필요한 변화이기도 합니다. 이제부터 우리에게 주어질 많은 시간 동안 어떻게 하면 잘 놀 수 있을지 탐구하는 기회로 삼을 수 있으니까요.

에피쿠로스,
지혜를 빌려줘

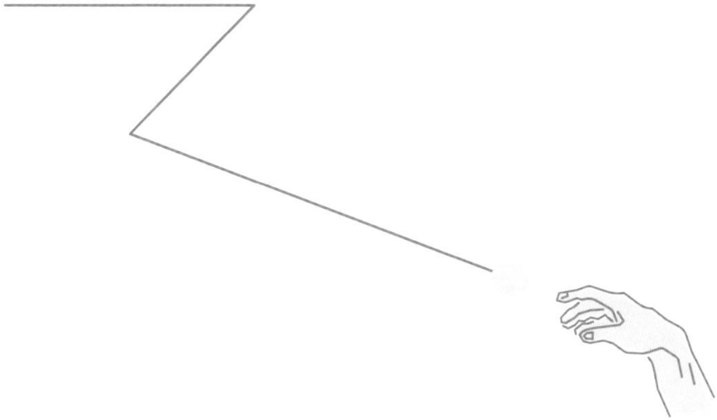

그런데 만약 시간이 남아 매일매일 놀 수 있다면, 상상하는 것처럼 즐거울까요? 앞서 이야기한 한계효용을 떠올려 보세요. 놀 때 느끼는 만족감은 점차 줄어들 것입니다. 여러분이 지금 간절하게 하고 싶은 게임을 매일같이 한다면, 또는 보고 싶은 유튜브 영상을 계속 본다면, 삼시 세끼를 피자나 치킨만 먹는 것과 다름없겠죠.

'행복'을 일종의 쾌락이라고 생각해 봅시다. 행복은 쾌락의

양을 늘려 가는 과정이 될 것입니다. 그렇다면 우리에게 쾌락을 주던 것이 더는 쾌락을 주지 않을 경우, 게임만 하거나 치킨만 먹다가 질리듯이 더는 만족을 얻을 수 없게 되면 어떻게 해야 할까요? 무언가 또 다른 쾌락을 찾아 나서야만 하겠죠. 여기서 우리는 이상한 역설과 마주치게 됩니다. 다른 쾌락을 찾아 나선다는 것은 현재에 만족하지 않는다는 뜻입니다. 즉, 더는 행복하지 않다는 말이죠. 분명 행복을 추구하고 있는데 계속해서 행복하지 않은 상태가 끼어들 수밖에 없습니다.

고대 그리스의 철학자이자 일명 '쾌락주의자'라고 불리는 에피쿠로스Epicouros는 "행복은 쾌락에 있다."라고 주장했습니다. 여기서 행복은 편안하고 안정적이며 우리에게 만족을 주는 상태를 의미합니다. 그런데 그는 우리에게 진정한 쾌락이 무엇인지를 묻습니다. 육체적이고 감각적인 쾌락은 이어지기 어렵습니다. 인간은 적응의 동물이니까요. 반면에 정신적인 쾌락은 오래 이어진다는 점에서 우리가 진정으로 추구해야 할 쾌락이라고, 에피쿠로스는 말합니다. 물론 그렇다고 육체적이거나 감각적인 만족을 무시하라는 의미는 아닙니다. 그것 역시 중요합니다. 다만 핵심은 쾌락의 노예가 되어서는 안 된다는 점에 있습니다. 노예가 되었다는 것은 주체성을 잃어버린 상태입니다. 인간다움에서 가장 중요한 부분을 놓친 것입니다. 일종의 기계가 된 상태이니까요.

오직 감각적인 쾌락만을 추구하는 존재는 본능의 명령에 무조건 복종하는 기계와 다를 게 없습니다. 아무런 강제가 없으면 자기 본능을 거스르지 못하는 개나 고양이와 같습니다. 인간이 자유로운 것은 개나 고양이와는 달리 스스로 자신의 본능과 욕망을 제어할 수 있는 능력이 있기 때문입니다. 하고 싶지만 안

할 수 있는 능력과 하기 싫지만 할 수 있는 능력이야말로 인간만이 누릴 수 있는 자유이자 인간 주체성의 핵심입니다.

이처럼 인간에게는 더 높은 수준의 만족 또는 더 지속적인 행복을 위해 무언가를 참아 내거나 도전하는 힘이 있습니다. 이러한 힘으로 인류는 지구상의 다른 생물들과는 다르게 문화를 만들어 내고 문명을 발전시켜 왔습니다. '문화'라는 말은 인간이 야생의 삶에서 벗어나 인간다운 삶을 살 수 있는 토대를 뜻합니다. 여기에는 단순한 생존의 문제를 넘어 도덕을 비롯한 인류의 정신적 유산들도 포함되어 있습니다. 서양권에서 사용하는 '문화'라는 표현에도 인간에게 내재한 본성을 잘 길러 낸다는 뜻이 담겨 있습니다. 바꾸어 말하면, 문화는 인류가 자기 자신 안에 있는 가능성을 모두 발현해 나가는 과정입니다. 이때 중요한 것은 무엇일까요? 발전과 성장의 주체가 바로 자기 자신임을 깨닫는 일입니다.

물론 과거에 우리가 잘못한 것들을 바로잡는 일은 매우 중요합니다. 하지만 우리 인류가 이룩한 문화에 자부심을 가지는 태도도 분명히 필요합니다. 이것이 바로 우리가 특이점이라는 거대한 도전 앞에서 갖춰야 할 자세입니다.

◎ 토마스 쿠튀르, 〈타락한 로마인들〉, 1847년. 인공지능이 제공할 편의와 쾌락에만 몰두해 인간의 주체성을 잃는다면, 우리 미래는 로마제국과 같은 운명을 맞이하지 않을까?

6장

인간, 창의성을 다시 생각하다

인간을
인간답게 하는 것

자, 이제 이야기의 처음으로 돌아가 봅시다. 뱀의 꾐에 넘어간 이브와 이브의 꾐에 넘어간 아담은 함께 선악과(인식의 열매)를 따 먹고 신의 노여움을 삽니다. 이 죄로 인간은 (이 이야기를 근간으로 한 기독교 교리에 따르자면) 평생 속죄하며 착하게 살아야만 죽어서 천국에 들어갈 수 있다는 실오라기(?) 같은 희망을 안고 지금껏 수천 년을 살아왔습니다.

대체 '착하게 사는 것'이 어떤 것인지, 어느 정도나 착해야 하

● 기원전 13세기 무렵 이집트에서 노예로 살던 이스라엘 민족을 해방시키고, 신의 율법을 받아 이스라엘의 종교적인 전통을 확립한 인물.

는지, 이것이 절대평가인지 상대평가인지도 모르는 채 살아야 했던 인간의 어려움을 일찌감치 눈치챈 신은 모세Moses● 를 통해 착한 삶의 바탕이 되는 열 가지 율법, '십계명'을 넌지시 알려 줍니다. 그리고 이 열 가지 율법은 오랜 세월에 걸쳐 인간이 서로의 욕망을 통제하는 수단으로, 자기 검열과 번민의 이유로, 인간 사회의 윤리와 규칙으로 자리 잡아 왔습니다.

하지만 이제 우리는 그 어느 때보다도 비장한 선택 앞에 이르렀습니다. "나 이외의 다른 신을 섬기지 말라."라고 했거늘 거의 신에 맞짱 뜨다시피 전능한 능력에 도달하려 하고, 천국행을 과감히 포기한 채 영원한 생을 꿈꾸고, 신이 있다고 믿어 온 저 하늘 위로 온갖 기계를 쏘아 올리더니, 급기야 신이 창조한 이 지구를 뒤로하고 다른 행성에서의 삶을 추진하고 있습니다.

가만히 생각해 보면, 이처럼 기발하고 새로운 선택들보다 인간이 그 오랜 세월 동안 신이 귀띔해 준 열 가지 율법을 지키며 살아왔다는 사실이 더 놀랍기도 합니다. 주중에는 로봇을 만들고 주말에는 교회에 나가 회개하는 사람도 있겠지만, 창조된 지 얼마 되지 않아 금기를 어기고 에덴동산에서 쫓겨난 인간의 본

성을 생각하면 신기한 일이 아닐 수 없습니다. 앞 장에서 함께 들여다본 이야기를 되돌아보더라도 마찬가지죠. 특히 호모 사피엔스, 즉 우리 인류가 거대한 전환점을 마주한 이 시점에 말입니다.

머지않은 미래에 우리는 어쩌면 다른 행성에 사는 외계인을 만날 수도 있습니다. 그들이 우리에게 던질 만한 질문을 상상해 봅니다.

"대체 인간을 '인간답게' 하는 조건은 무엇인가?"

◎ 세계 최초로 감정을 인식하는 로봇, 페퍼.

이 질문은 눈앞에 다가오고 있는(어쩌면 이미 와 있는) 미래가 우리 인류에게 던져 준 중대한 과제이기도 합니다. 자, 여러분이라면 이 질문에 어떻게 대답할지 생각해 봅시다. 아마도 호모 사피엔스, 즉 인간만이 '생각하는 능력'을 가지고 있다고 대답하는 사람이 가장 많지 않을까요? 또 인간만이 감정을 느끼고 타인에게 '공감'할 수 있다는 대답도 나오겠죠. 하지만 앞으로는 '생각하고 공감하는 존재'라는 사실만으로 인간을 다른 존재와 분명하게 구별하기 어려운 시대가 올지도 모릅니다.

사람의 심리 상태를 들여다보고 감정 표현을 하는, 이른바 감성 로봇은 이미 개발되어 있습니다. 2014년 일본 소프트뱅크SoftBank사에서 개발하고 발표한 휴머노이드 로봇 페퍼Pepper가 대표적이죠. 페퍼는 세계 최초로 감정을 인식하는 로봇으로 세상에 공개되었습니다. 물론 감정을 인식하는 것을 넘어서 이해한다고까지는 보기 어려운 데다 아직 여러 가지 한계가 있습니다. 하지만 그 한계를 넘어서려는 시도가 지금 이 순간에도 계속되고 있죠.

'도덕과 윤리' 역시 인간을 인간답게 만드는 인간만의 문화입니다. 그렇기에 인공지능에 관한 여러 논란 중에서도 가장 핵심적으로 다루고 있는 문제이기도 합니다. 과연 인공지능은 인간과 같이 도덕적·윤리적 사고를 할 수 있을까요? 이러한 사고를 지닌 로봇을 가리켜 '인공적 도덕 행위자AMA, Artificial Moral Agent' 라고 일컫습니다.

새로운 규칙이 필요해

최근 '인공적 도덕 행위자'에 대한 논의가 활발해지고 있습니다. 이는 한편으로는 당연한 일입니다. 앞으로 우리와 함께 살아갈 로봇이 합리적인 사고만 할 뿐 도덕성을 갖추지 못한다면 참담한 시나리오를 예상할 수 있기 때문입니다.

예를 들어 아주 합리적인 사고를 하는 가사 로봇이 저녁 식사를 준비하려고 냉장고를 열었습니다. 아뿔싸, 장 보는 일을 깜박해서 냉장고가 텅 비어 있습니다. 이때 집 안에 있던 반려견이 우유라도 한 모금 주나 싶어 쪼르르 달려와 가사 로봇을 간절한 눈빛으로 올려다봅니다. 이때 만에 하나 가사 로봇의 사고(체계)에 이 반려견이 식자재로 떠오르는 일은 절대로 일어나면 안 되겠죠.

또 다른 예를 들까요? 자율 주행 차 역시 일종의 로봇입니다. 자율 주행 차가 자동차 전용도로를 빠른 속도로 달려가는데 갑자기 한 사람이 도로로 뛰어들었습니다. 시속 100킬로미터로 달리던 자율 주행 차는 급히 정지하려고 해도 관성의 힘 때문에 몇십 미터는 미끄러져 갈 수밖에 없습니다. 그리고 그 짧은 순간, 자율 주행 차는 판단해야만 합니다. 어쩔 수 없이 도로 위로 뛰어든 사람을 치거나 핸들을 꺾어 반대편 차선으로 피하거나 도로 밖으로 핸들을 돌려 가드레일을 들이받거나……. 가능한 한 여러 가지 상황 판단을 해야 합니다.

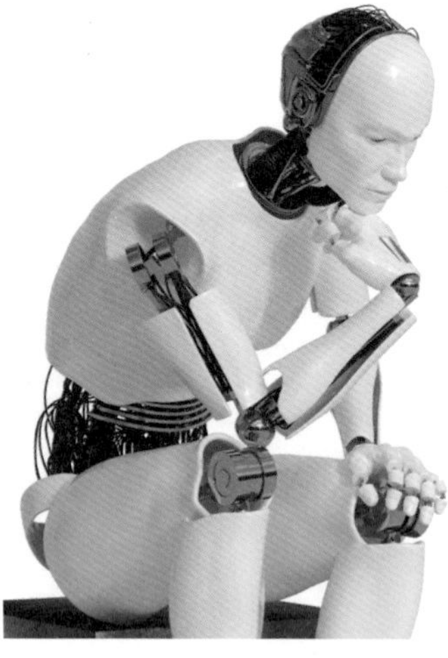

만약 그 차를 사람이 운전하고 있었더라도 그 짧은 순간에 어떤 선택이든 할 것입니다. 마찬가지로 자율 주행 차도 어떤 선택이든 해야만 합니다. 이때 어떤 선택이 가장 도덕적이고 합리적일까요? 만약 차가 중앙선을 넘게 되면 마주 오던 자동차와 정면으로 충돌하기 때문에 더 큰 피해가 생길 수도 있습니다. 그렇다고 도로에 뛰어든 사람을 들이받으면 그 사람은 아마도 죽을 것입니다. 방향을 도로 바깥으로 틀어 가드레일을 들이받으면 도로 위로 뛰어든 사람은 살리겠지만, 자율 주행 차에 타고 있던 사람은 어떻게 될까요?

● 두 가지 중 한쪽을 선택해야 하는데 어느 쪽을 선택해도 바람직하지 못한 결과가 나오는 상황.

이른바 '트롤리 문제trolley dilemma'라고 불리는 이 딜레마●는 사람도 선택하기가 어려운 윤리적 문제입니다. 스마트한 로봇은 똑똑하니까 이 문제를 잘 해결할 수 있을까요? 이러한 상황을 '딜레마'라고 부르는 것은 어떤 선택을 하든지 나름의 충분한 이

유가 있기 때문입니다. 분명한 것은 앞으로 우리가 로봇과 함께 살아가야 한다면, 이러한 딜레마적 상황에서 로봇이 어떻게 행동할 것인지를 우리가 결정해서 입력해야 한다는 사실입니다. 적어도 현재의 수준에서는 그렇습니다. 앞서 이야기한 강한 인공지능, 즉 자의식을 가진 인공지능이 나오기 전까지는 말이죠.

물론 강한 인공지능이 실제로 우리의 미래에 등장할지는 여전히 미지수입니다. 현재로서는 아무리 뛰어난 인공지능이라고 하더라도 인간의 결정을 보조하는 존재이니까요. 그리고 이러한 상황은 당분간, 어쩌면 아주 오랫동안 계속될 것입니다.

창의성,
첫 번째 인간다움

이제 기계가 생각하는 방식과 인간이 사유하는 방식의 차이를 깊이 고민해 볼 차례입니다. 중요한 판단과 결정은 우리 인간이 내려야 하기 때문입니다. 물론 그런 일들이 현실로 닥치고 나서 생각해도 충분하다고 말하는 사람들도 있겠죠. 그들은 자신이 에피메테우스의 부주의한 유전자를 가진 존재임을 선언하는 것입니다. 잘못을 저지르고 나서야 해서 될 일과 해서는 안 될 일을 아는 것은 어떤 동물이든 할 수 있습니다. 호기심에

일단 해 보고 혼이 나면 다시는 같은 일을 저지르지 않죠.

반면에 우리에게는 프로메테우스의 유전자도 있습니다. 인간은 결과를 미루어 짐작하는 능력이 탁월합니다. 직접 겪지 않아도 미리 어떤 일이 일어날 가능성을 헤아리고 대비할 수 있습니다. 그것은 인간이 미래를 사는 존재이기 때문입니다(수천 년 동안 설마 있을까 싶은 '천국'을 꿈꾸며 살아온 것만 봐도 알 수 있습니다). 우리가 지금 무엇인가를 하는 이유는 현재의 필요와 욕망 때문이기도 하지만 미래를 위해서이기도 합니다. 지금 당장의 욕망을 참는 이유도 좀 더 나은 미래를 꿈꾸기 때문입니다. 더 먹고 싶지만 더 먹지 않는 것도, 당장 쉬고 싶지만 쉬지 않는 것도 미래를 생각해서입니다. 이처럼 인간은 늘 미래를 품고 사는 존재입니다.

그런데 미래未來는 말 그대로 아직 오지 않은 시간입니다. 다시 말해 인간이 미래를 생각하며 사는 것은, 인간이 현재 존재하는 것들 속에서 '존재하지 않는 것을 볼 수 있는 존재'라는 의미입니다. 이것이 바로 인간의 '창의성'입니다. 아이들은 늘 가지고 놀던 장난감에서 새로운 놀이를 생각해 내고는 하죠. 이처럼 인간은 본능적으로 새로운 무언가를 찾아냅니다. 현재 보이는 것을 넘어 이전에는 보이지 않던 새로운 것을 발견해 내는 능력을 지니고 있죠. 이러한 창의성이 인류에게 놀라운 문명과 문화를 가져다주었습니다. 인간의 창의성은 원리적으로는 인간이 미래를 사는 존재이기 때문에 가능한 것입니다.

물론 똑똑한 기계(뛰어난 인공지능)들도 미래를 예측할 수 있습니다. 어떤 면에서는 인간보다 더 정확하게 미래를 예측할지도 모릅니다. 최대한 많은 가능성을 짧은 시간에 계산해 내는 일은 사람보다 기계가 훨씬 더 빠르고 정확하니까요. 다만 기계는 기존 질서가 앞으로도 계속된다고 가정하며 앞일을 예측합니다. 마치 일기예보에서 현재 기온과 풍향, 기압이 유지된다는 전제하에 이어지는 날씨를 예측하고, 내비게이션이 아무런 방해가 없다는 전제하에 시속 100킬로미터로 달리는 자동차가 한 시간 뒤에 어디쯤 도착하리라 예측하듯이 말이죠. 이 같은 방식의 예측은 인간보다 인공지능이 훨씬 더 유리합니다.

하지만 인간은 어떤 존재입니까? 인간은 미래를 예측하는 동시에 자신의 행동을 변화시킵니다. 결과적으로 미래를 바꾸어 버리는 존재입니다(에덴동산의 인간을 떠올려 보세요). 대표적으로 환경문제를 생각해 볼까요? 만약 인공지능이 지난 30년간 인류가

지구환경에 저질러 온 행태들을 분석한다면, 분명히 암울한 미래를 전망할 것입니다. 미래에 인류가 끔찍한 환경 재앙을 만날 것으로 예측하겠죠. 우리가 영화 〈인터스텔라〉에서 보았듯이 말입니다. 그런데 그 예측대로 들어맞을까요?

물론 우리가 변하지 않고 이제까지 해 왔던 그대로 행동한다면, 인공지능의 예측대로 어두운 미래를 맞이할 것입니다. 그러나 인간은 예측한 미래에 맞춰 자신의 행동을 수정하는 경향이 있습니다. 인류가 이제까지 이어 온 그릇된 행태를 멈추고 이를 바로잡는 행동을 한다면, 다른 미래를 맞이할 수 있을 것입니다. 결국 중요한 것은 미래를 내다보는 '지혜'와 그에 따른 판단을 실행에 옮기는 '주체성'입니다.

사실 기계적인 것들과 함께 살아가야 하는 상황에서 사람들이 가장 중요하게 여기는 '창의성'은 이 주체성과 관련이 깊습니다. 창의성을 연구하는 사람들은 이 특성을 크게 두 가지 방향으로 구분합니다.

첫 번째로 세상을 바꾸는 큰 의미의 창의성입니다. 이는 위대한 예술가나 발명가가 기존에는 없었던 새로운 무언가를 찾아내거나 발명해서 인류의 삶에 커다란 변화를 가져오는 경우입니다. 알베르트 아인슈타인Albert Einstein이나 스티브 잡스, 일론 머스크Elon Musk 같은 인물을 언급할 때마다 등장하는 창의성이죠.

다른 하나는 작은 의미의 창의성으로, 일상에서 주어지는 다양한 문제를 슬기롭게 해결해 나가는 능력입니다. 사실 행복한 삶을 만들어 가는 과정에서는 큰 창의성보다는 작은 창의성이 더 중요할 수도 있습니다. 내가 살면서 부딪치는 많은 문제를 잘 해결해 나가야 행복한 삶을 꾸려 나갈 수 있을 테니까요. 이렇게 주어진 문제를 해결해 나가는 일을 창의성과 관련지어 생각한다면, 특히 이 작은 창의성은 주체성과 아주 밀접하다는 것을 짐작할 수 있습니다.

주체성,
두 번째 인간다움

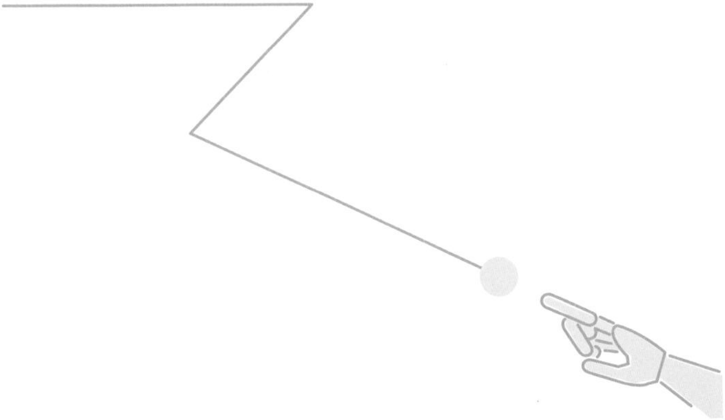

나에게 어떤 문제가 생겼습니다. 그래서 고민입니다. 어떻게 해야 할지 잘 모르겠고 판단도 잘 안 섭니다. 그런데 누군가 내 귀에 이렇게 속삭입니다. “내가 시키는 대로만 하면 문제가 해결될 거야!” 그래서 아무 생각 없이 그 사람이 시키는 대로 했습니다. 그랬더니 정말 문제가 해결되었습니다. 다행스럽게도 말입니다. 그런데 이렇게 아무 생각 없이 다른 사람이 시키는 대로 따라 해서 문제를 해결한 사람을 두고 창의적이라고 말할 수 있을까요?

두 사람이 있습니다. 그 둘은 각자 어떤 문제에 부닥쳐서 고민합니다. 한 사람은 자신의 의견보다는 남의 의견을 따라서 문제를 해결해 나갑니다. 다른 사람은 남의 의견은 듣지 않고 오로지 자기 생각만으로 문제를 해결해 나갑니다. 그런데 자기 생각대로만 문제를 해결한 사람보다는 남의 의견을 좇은 사람의 결과가 더 좋았습니다. 과연 어느 쪽을 더 창의적인 사람으로 볼 수 있을까요?

사실 두 사람 모두 창의적인 사람으로 보기 어렵습니다. 남의 의견만을 따르는 사람은 주체적이지 못하고, 남의 의견은 듣지 않은 채 자기 생각만 고집하는 사람은 독선적이기 때문입니다. 창의적인 사람은 다른 사람의 의견에 귀 기울이며 도움이 될 만한 내용을 받아들여 생각을 결정하고 행동합니다. 생각 없이 남의 의견만을 좇는 것은 자기 자신이 미숙한 존재라는 사실을 스스로 인정하는 셈입니다. 말하자면 미성년의 상태임을 인정하는 것입니다. 이러한 상태라면 설령 문제를 해결했다고 하더라도 내가 한 것이 아니죠. 자기 삶의 주인이라고 말할 수 없습니다.

반대로, 남의 의견을 따라 문제 해결을 시도했는데 결과가 나쁘다면 더 큰일입니다. 그 책임은 누가 져야 할까요? 자신이 결정한 일이 아니라서 조언해 준 사람을 탓할 가능성이 큽니다. 문제 해결에서 주체성을 잃게 되면 책임 의식도 약해지기 쉽습니다. 그렇다고 남의 의견을 무시하는 태도는 더더욱 문제입니다. 자칫하다가는 더 좋은 해결 방안을 찾을 기회를 날려 버릴 수도 있기 때문입니다.

내 삶에 문제가 생겼을 때는 문제를 해결하는 과정도 중요하지만, 그 결과도 중요합니다. 따라서 가능한 한 최선의 해결책을 찾기 위해 노력해야 하고, 그 과정에서 다른 사람의 도움을 받아야 합니다. 어차피 인간은 혼자 사는 존재가 아니라 함께 살아가야 하고, 내가 문제를 해결하기 위해 뭔가를 선택한다면 그 선택은 예외 없이 다른 사람에게 영향을 주기 마련입니다. 독선적인 방식으로 문제를 해결하는 것은 좋은 해결책을 찾기도 어렵고, 그 결과도 이기적인 방향으로 흐르기 쉽습니다.

더욱이 앞서 말한 것처럼 미래에는 많은 사람이 점점 더 다양한 형태의 삶을 살아가게 될 것입니다. 새로운 직업이 만들어지고 새로운 형태의 삶을 살아가는 사람이 늘어날 것입니다. 그러한 환경에서 모두 함께 잘 살아가기 위해서는 다른 생각을 하는 사람을 존중하고 배려하는 태도가 중요합니다. 그러려면 다른 사람의 의견에 귀 기울이고, 신중하게 생각해야 하겠죠. 이는 바람직한 민주주의적 의사결정의 기본 이념이기도 합니다. 타인의 의견을 흘려듣지 않으면서도 주체성을 잃지 않는 태도를 잊어서는 안 됩니다.

나를 알고
인간을 알라

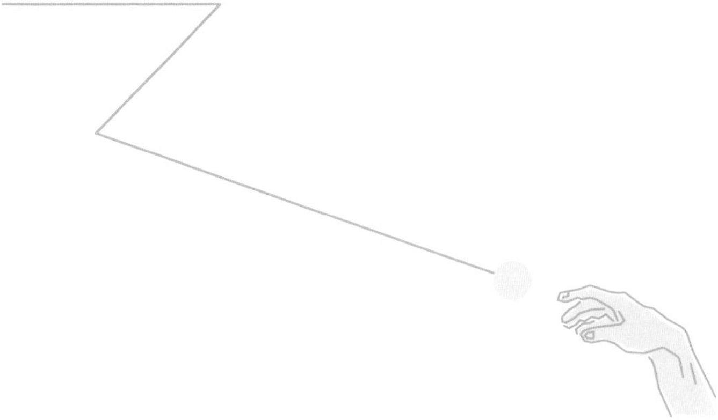

그럼 이제 우리의 현실을 생각해 볼까요? 앞으로 똑똑한 인공지능이 대중화되면 어떻게 될까요? 지금도 우리는 낯선 여행지에서 맛집을 선택하기 위해 정보를 뒤지고, 길을 찾기 위해 내비게이션을 사용합니다. 아니, 이 모든 것을 단번에 해결하는 애플리케이션(앱)이 넘쳐 납니다. 그런데 만약 인공지능 비서가 일상적인 대화를 지금보다 훨씬 더 자연스럽게 한다면, 우리의 의존도는 더욱 높아질 것입니다. 그리고 어느 순간에는 기계적

◎ 장 마르크 쿠티, 1899년에 2000년의 모습을 상상하여 그린 그림.

장치들의 도움이 없이는 아무것도 하지 못하는 '미성년'의 상태가 될 수도 있습니다. 만약 맛집을 선택하거나 길을 찾는 것처럼 사소한 문제가 아니라 인생의 중요한 결정을 내려야 하는 문제, 대학을 결정하거나 직장을 결정하는 문제라면 더욱 심각하겠죠.

인공지능의 예를 들었습니다만, 오늘날 우리 주변에는 정보가 넘쳐 납니다. 궁금한 것이 있으면 일단 검색창부터 열고 이런저런 정보들을 수집합니다. 쏟아지는 수많은 정보는 우리 판단에 도움을 줄 것입니다. 그런데 곤란한 문제가 또 생깁니다. 정보가 너무 많다 보니 서로 모순적인 판단을 내리게 하는 정보들이 동시에 주어지는 겁니다.

이러한 경우를 '데이터 스모그data smog'라고 부릅니다. 말 그대로 정보 공해인 셈이죠. 지나치게 과잉된 정보는 오히려 판단을 어렵게 한다는 것입니다. 결국 어느 순간에는 "오케이, 여기까지!" 하고 결정을 내려야 합니다. 그 결정은 물론 우리 자신이 해야 합니다. 그래야 선택에 대한 책임도 질 수 있기 때문입니다. 이러한 의미에서 창의성과 주체성은 떼려야 뗄 수 없는 관계에 있습니다.

창의적인 사람들의 특성을 조사해 본 결과 주체성이 중요하다고 강조하는 이유는 바로 이 때문입니다. 그리고 주체적인 사람이야말로 자신의 삶을 행복한 삶으로 만들어 갈 수 있습니다. 오늘날 자신이 진정 무엇을 원하는지, 또 앞으로 어떻게 살아야 할지를 몰라 고민하는 사람이 많습니다. 인터넷에 무궁무진한 정보가 있는데도 말입니다. 이른바 '결정 장애'는 아이러니하게도 정보가 넘쳐 나는 이 시대 사람들이 공통으로 겪는 문제입니다.

이는 우리가 우리 자신에 대해 잘 모르고 있다는 사실을 의미하는 것은 아닐까요? 내가 진정 무엇을 원하는지, 내가 어떻게 살고 싶은지, 내 욕망은 무엇인지, 나의 장점은 무엇이고 나의 단점은 무엇인지 등에 대해 잘 모르기 때문에 고민하는 것이죠. 만약 그렇다면 자기 자신을 진지하게 들여다보고 알아 갈 필요가 있습니다. 자기 자신이 아는 것과 모르는 것을 구별하는 인공지능이 세상에 나오기 전에 말입니다.

더 나아가 미래가 혁명적으로 변화할 것이라고 예고된 상황에서는 나 개인만이 아니라 '인간이란 무엇인가?'라는 아주 원리적인 문제에 대해서도 고민하고 공부해야 합니다. 다시 말해 첨단 기술이 인간의 삶을 근본적으로 바꾸어 나가는 지금 이 순간, 오히려 우리는 '인간'과 인간의 한 구성원으로서 '나 자신'에 대해 다시금 성찰해야 할 필요가 있습니다.

새로운 알고리즘을 찾아서

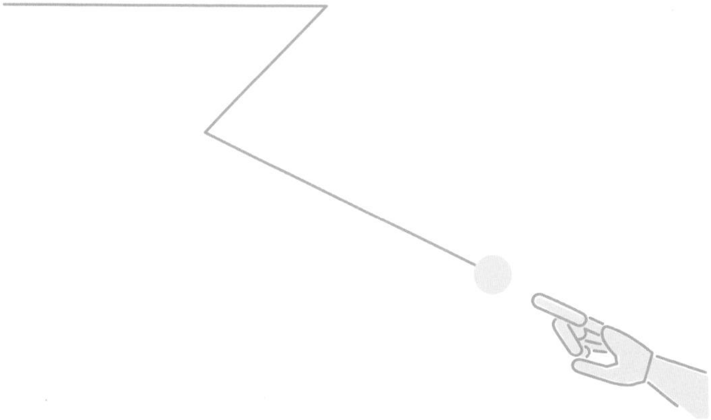

사람들은 흔히 '창의적'이라는 말을 남들이 생각해 보지 않았던 것들을 찾아내는 것이라고 이해합니다. 남들과는 '다르게' 생각하는 사람을 창의적인 사람으로 여기죠. 이때 비교의 기준을 잘 들여다볼 필요가 있습니다.

한동안 여기저기서 창의성이 중요하다고 말해 왔습니다. 그 유명한 애플사의 "다르게 생각하라Think different!"라는 카피 덕분에 창의적 사고는 모든 사람이 서로 다르게 생각한다는 의미

로 자리 잡았습니다. 전 세계가 이 카피를 벤치마킹하면서 인식이 굳어진 것이죠.

하지만 그저 남들과 다르게 생각한다는 것은 창의성의 조건이 될 수 없습니다. '남들과 다르게'를 창의성의 조건으로 생각하고 모두가 창의적인 사람이 된다면, 결국 창의적인 사람은 아무도 없게 되는 이상한 결론에 이르게 될 것입니다. 모두가 다르게 생각하면 정작 다르게 생각한 사람을 찾을 수 없으니까요.

사실 중요한 것은 '남들과 다르게'가 아니라 '기존의 방식과 다르게'입니다. 주어진 문제를 해결하는 전형적인 절차를 우리는 알고리즘algorism이라고 부릅니다. 여러분이 수학 시간에 이차방정식 문제를 풀 때 인수분해를 하거나 근의 공식을 이용할 텐데요. 그러한 방법들이 말하자면 알고리즘입니다. 문제 해결의 알고리즘을 잘 따라가면 문제를 제대로 풀 수 있습니다. 이미 짐작하겠지만 이 알고리즘에 따른 판단을 전문적으로 할 수 있는 존재가 바로 인공지능입니다. 만약 문제를 해결하는 알고리즘이 있는 문제라면 인간이 인공지능을 이길 수가 없습니다. 그런데 만약 문제 해결의 알고리즘이 아직 없는 문제라면 어떨까요?

문제 해결의 알고리즘이 있다는 것은 유사한 문제들을 이미 반복적으로 경험했다는 사실을 의미합니다. 창의적 문제 해결 또는 창의성은 그런 알고리즘과는 다른 방식의 해결 방식을 찾아내는 것입니다. 그저 다른 사람들과 다르다는 사실이 중요한 것이 아니라 문제를 해결하는 '새로운' 방식을 찾아내는 것이 중요합니다. 창의적인 사람이 되려면 다른 사람들과 경쟁할 것이 아니라, 기존의 낡은 사고방식과 경쟁해야 합니다. 창의적으로 해결해야 할 문제들은 예외 없이 기존의 문제 해결 알고리즘으로 풀어서는 바람직한 답을 얻을 수 없습니다. 인간이 지정해 준 알고리즘에 따라서 문제를 해결하는 인공지능들은 이러한 문제들을 맞닥뜨렸을 때 당황할 수밖에 없겠죠.

반면에 우리 인류는 그때그때 창의성이 필요한 문제들을 하나씩 해결하면서 문명과 문화를 발전시켜 왔습니다. 진화론적 관점에서 보면, 인류는 기존에 겪어 보지 못한 변화를 이겨 내면서 오늘에 다다른 것입니다. 그런 의미에서 변화는 늘 도전이었습니다. 제4차 산업혁명이니, 인공지능의 세상이니 하는 것들 모두 우리 앞에 놓인 도전 과제인 셈입니다. 이 과제를 해결하기 위해서는 기존의 알고리즘이 아니라 새로운 알고리즘을

찾아내야 합니다. 물론 새롭다고 해서 하늘에서 뚝 떨어진 답이어야만 하는 것은 아닙니다. 우리 선조들이 이미 역사 속에 감추어 놓았지만 아직 우리가 발견하지 못한 것일 수도 있겠죠. 또 말 그대로 '새로운' 것일 수도 있습니다.

호랑이 굴에서 살아남는 법

"호랑이 굴에 들어가도 정신만 바짝 차리면 살 수 있다!"라는 속담이 있습니다. 아마 여러분도 이런저런 상황 속에서 이 속담을 한 번쯤은 들어 보았을 것입니다. 하지만 이 같은 의문을 품어 본 친구들은 많지 않겠죠. '대체 정신을 얼마나 바짝 차려야 살 수 있단 말일까?'

최근 몇 년간 경험한 첨단 과학기술 현장에서 느낀 바는, 어쩌다 보니 우리는 이미 호랑이 굴에 와 있고 여기서 살아남으려면 정신을 '얼마나' 그리고 '어떻게' 바짝 차려야 하는지 알아봐야겠다는 것입니다.

많은 전문가가 인간이 미래에 인공지능이나 로봇에 지지 않으려면 '인간만의 경쟁력'을 갖추어야 한다고들 말합니다. 인간만의 경쟁력이 무엇인지 '제대로 아는 것'이 아마도 우리가 차려야 할 정신이 아닐까 합니다. 문제는 인간만의 경쟁력을 알아 가는 여정에서 '인간(다움)이란 무엇인지' 혹은 '인간을 인간답게 하는 것이 무엇인지'처럼 왠지 '노답'일 것만 같은 문제들도 깊이 생각해야 한다는 것입니다.

하지만 다행히도 인간에게는 이처럼 노답일 것만 같은 문제들을 오랫동안 다루어 온 비판적 사고력critical thinking이 있습니다. 또 인간을 인간답게 하는 대표적 카드, 창의성도 있죠. 그러니 이제 이 두 가지 무기를 가지고 정신만 차리면, 지금의 호랑이 굴에서 당당히 살아 돌아갈 수 있습니다.

진정한 창의성은 '무엇이 문제인지'를 정의하는 것에서 시작합니다. 이 책에서 제가 늘어놓은 다양한 문제를 여러분의 관점에서 '새롭게 정의'하고, 그 문제를 풀기 위해 필요한 것들을 하나씩 찾아보세요. 아마 함께 풀어 갈 친구들도 필요할 거예요. 여러분이 문제를 하나씩 해결해 가는 힘을 얻도록 하는 것이 바로 이 책의 목적입니다.

참고 문헌

『1984』, 조지 오웰 지음, 이기한 옮김, 펭귄클래식코리아, 2014
『21세기 자본』, 토마 피케티 지음, 장경덕 외 옮김, 글항아리, 2014
『3차 산업혁명』, 제러미 리프킨 지음, 안진환 옮김, 민음사, 2012
『4차 산업혁명 시대에 살아남기』, 김지연 지음, 페이퍼로드, 2017
『SF 크로스 미래과학』, 김보영·김창규 외 2명 지음, 우리학교, 2017
『게놈혁명, 호모 헌드레드 게놈 프로젝트』, 이민섭 지음, MID, 2018
『꾸뻬 씨의 행복 여행』, 프랑수아 클로르 지음, 오유란 옮김, 오래된미래, 2004
『노년에 관한 인문학적 성찰』, 고봉만 지음, 충북대학교출판부, 2016
『노동의 종말』, 제러미 리프킨 지음, 이영호 옮김, 민음사, 2005
『렌즈와 컴퍼스』, 박승억 지음, 로고폴리스, 2016
『로봇 시대, 인간의 일』, 구본권 지음, 어크로스, 2015
『만들어진 신』, 리처드 도킨스 지음, 이한음 옮김, 김영사, 2007
『멋진 신세계』, 올더스 헉슬리 지음, 이덕형 옮김, 문예출판사, 2018
『무엇이 우리를 행복하게 하는가』, 크리스토프 코흐 지음, 김정민 옮김, 율리시즈, 2013
『빅데이터 인문학』, 에레즈 에이든, 장바디스트 미셸 지음, 김재중 옮김, 사계절, 2015
『사피엔스』, 유발 하라리 지음, 조현욱 옮김, 김영사, 2015
『사피엔스의 미래』, 알랭 드 보통·말콤 그래드웰 외 2명 지음, 전병근 옮김, 모던아카이브, 2016
『생명의 사회사』, 김동광 지음, 궁리, 2017
『세상에서 가장 재미있는 유전학』, 래리 고닉 그림, 마크 휠리스 지음, 윤소영 옮김, 궁리, 2007
『아날로그로 살아보기』, 크리스토프 코흐 지음, 김정민 옮김, 율리시즈, 2012
『아름다움의 과학』, 울리히 렌츠 지음, 박승재 옮김, 프로네시스, 2008
『아픔이 길이 되려면』, 김승섭 지음, 동아시아, 2017
『에디톨로지』, 김정운 지음, 21세기북스, 2014
『에브리맨』, 필립 로스 지음, 정영목 옮김, 문학동네, 2009
『외계지성체의 방문과 인류종말의 문제에 관하여』, 최준식·지영해 지음, 김영사, 2015
『위대한 설계』, 스티븐 호킹·레오나르도 믈로디노프 지음, 전대호 옮김, 까치, 2010

『유전자의 내밀한 역사』, 싯다르타 무케르지 지음, 이한음 옮김, 까치, 2017
『인공지능 시대의 인문학』, 이건명 외 지음, 신아사, 2018
『자연이 경제다』, 안드레아스 베버 지음, 박승재 옮김, 프로네시스, 2009
『포스트휴먼 시대의 노년』, 고봉만 외 지음, 신아사, 2018
『포스트휴먼이 온다』, 이종관 지음, 사월의책, 2017
『학문의 진화』, 박승억 지음, 글항아리, 2015
『호모 데우스』, 유발 하라리 지음, 김명주 옮김, 김영사, 2017

사진 저작권

38쪽: 플리커 ⓒ IAEA Imagebank(photo credit: Greg Webb/IAEA)
48쪽: 위키미디어 커먼스 ⓒ Marjorie McCarty
60쪽: 플리커 ⓒ Foreign and Commonwealth Office
94쪽: 언스플래쉬 ⓒ Peter Kasprzyk
98쪽: 위키미디어 커먼스 ⓒ Eugene Ivanov
117쪽: 언스플래쉬 ⓒ Alice Donovan Rouse
118쪽(아래): 위키미디어 커먼스 ⓒ Grendelkhan
121쪽: 플리커 ⓒ JD Lasica
136쪽: 언스플래쉬 ⓒ Pierre Châtel-Innocenti
175쪽: 위키미디어 커먼스 ⓒ Musée d'Orsay, Paris_GNU Free Documentation License
182쪽: 플리커 ⓒ Collision Conf(photo by Diarmuid Greene/Collision/Sportsfile)
207쪽: 언스플래쉬 ⓒ Veronica Benavides
210쪽: 언스플래쉬 ⓒ Nick Dunlap

인문학과 함께하는 미래과학 산책
우리는 지금 미래를 걷고 있습니다

초판 1쇄 펴낸날 | 2018년 9월 13일

지은이 | 김정민
펴낸이 | 홍지연
펴낸곳 | 도서출판 우리학교

편집 | 김영숙 김나윤 정아름 김민정 한지연
디자인 & 아트디렉팅 | 책은우주다
본문디자인 | 김민경
관리 | 김세정
인쇄 | 에스제이 피앤비

출판등록 | 제313-2009-26호(2009년 1월 5일)
주소 | 03993 서울시 마포구 월드컵북로6길 92 구성빌딩 2층
전화 | 02-6012-6094
팩스 | 02-6012-6092
이메일 | woorischool@naver.com

ISBN 979-11-87050-67-4 43500

이 도서의 국립중앙도서관 출판예정도서목록(CIP)은 서지정보유통지원시스템 홈페이지(http://seoji.nl.go.kr)와 국가자료공동목록시스템(http://www.nl.go.kr/kolisnet)에서 이용하실 수 있습니다.(CIP제어번호: 2018026078)